新一代 GNSS 信号
处理及评估技术

卢 虎 廉保旺 著

国防工业出版社

·北京·

图书在版编目(CIP)数据

新一代 GNSS 信号处理及评估技术/卢虎,廉保旺著.
—北京:国防工业出版社,2016.8
ISBN 978 - 7 - 118 - 10828 - 6

Ⅰ.①新… Ⅱ.①卢… ②廉… Ⅲ.①卫星导航 – 全
球定位系统 Ⅳ.①P228.4

中国版本图书馆 CIP 数据核字(2016)第 100673 号

※

国防工业出版社出版发行
(北京市海淀区紫竹院南路 23 号 邮政编码 100048)
北京嘉恒彩色印刷有限责任公司
新华书店经售
*
开本 880×1230 1/32 插页 4 印张 5¼ 字数 150 千字
2016 年 8 月第 1 版第 1 次印刷 印数 1—2000 册 定价 58.00 元

(本书如有印装错误,我社负责调换)

国防书店:(010)88540777   发行邮购:(010)88540776
发行传真:(010)88540755   发行业务:(010)88540717

前　言

随着全球定位系统（Global Positioning System，GPS）现代化计划加速推进、北斗系统（BeiDou Navigation Satellite System，BDS）全球化布局以及 GALILEO 系统的成功组网，新一代全球卫星导航系统（Global Navigation Satellite System，GNSS）将更多地采用二进制偏移载波（Binary Offset Carrier，BOC）衍生调制及交互式（InterPlex）等单载波复用调制方式，并与传统 GNSS 所采用的 B/QPSK（Binary/Quadrature Phase Shift Keying）调制存在较大差异。因此，现代导航信号的特性、接收与处理方法与传统信号的分析方法有着明显不同。

目前，国内外深入探讨新型 GNSS 导航信号体制、处理方法和导航性能的专业著作很少。本书著者在国家自然科学基金（61473308，61174194）和国家北斗重大科技专项（GFZX0301040117 - 2）的相关研究基础上，结合现代导航信号特征，深入研究了新一代 GNSS 导航信号同步处理技术和导航测距性能，定量分析了新一代 GNSS 信号在码跟踪精度、抗干扰和抗多径性能方面的技术优势，并基于导航信号用于测距、定位的特性，完成了新一代 GNSS 信号处理方法与测距性能的评估软件设计，相关研究可为设计 GNSS 兼容与互操作接收终端提供基带信号处理的关键技术参考。

卢虎副教授完成了全书的撰写工作，廉保旺教授审阅了全书并提出修改意见，最终定稿，博士生闫浩、宋玉龙协助完成了书中部分工作；与中科院国家授时中心的卢晓春研究员、王雪博士、贺成艳博士、贺卫东博士等的学术交流也使本书增色不少，在此一并致谢！书中还参考了大量的文献资料，谨向文献资料的作者表示最诚挚的谢意。

限于作者水平，书中难免有疏漏之处，敬请读者朋友不吝批评指正。

作者

目　　录

第1章 绪 论

1.1 卫星导航系统发展现状

定位、导航、授时(Positioning, Navigation & Timing, PNT)系统是国家信息基础设施的重要组成部分,能为海、陆、空、天的军、民、商和科研用户提供精确的位置、速度和授时服务,具有巨大的军事、经济和社会影响力。全球卫星导航系统(Global Navigation Satellite System, GNSS)作为 PNT 技术的核心,过去几十年里,在军用和民用领域均发挥了重要的作用,在精确制导、海上航运、车辆监控和物流调度、自动空中加油、地质灾害监测、大型建筑物形变监测及精细农林业、远洋渔业、消费类电子产品等方面,已成为不可或缺的重要组成部分,给人们生活带来了极大便利。

目前,世界上的卫星导航系统主要有美国的 GPS、欧盟的 GALILE-O、俄罗斯的 GLONASS,以及中国的北斗卫星导航系统(BeiDou Navigation Satellite System,BDS)。卫星导航系统的起源要追溯到 1957 年苏联发射第一个人造地球卫星 Sputnik,美国学者通过跟踪监测该卫星所发射的信号描绘出卫星信号的多普勒频移,从而提出了多普勒定位设想,推动产生了美国的子午仪(Transit)导航卫星系统,为后来出现的 GPS 和 GLONASS 系统提供了宝贵的经验和方案构想。

(1)美国国防部于 1973 年 4 月提出 GPS 计划,1978 年 2 月 22 日发射了第一颗实验卫星,1995 年进入全面运行状态。标称的 GPS 卫星星座由 6 个轨道面上的 24 颗卫星组成,每个平面上 4 颗。GPS 是全球卫星导航系统的成功范例,在海湾战争、伊拉克战争中经受了一系列实战考验,在商业市场和大众消费领域也显示出巨大的发展潜力。与此同时,以 GPS 现代化为代表的 GNSS 技术革新与升级计划也在如火如荼地进行。美国以提高 GPS 民用和军用导航定位精度及抗干扰与自

1

主工作能力为目的,启动了 GPS 现代化改造计划,旨在通过提高 GPS 民用信号的定位精度推动 GPS 在全球民用领域的应用,试图继续引领全球卫星导航技术的发展,并确保 GPS 系统在全球卫星导航市场的霸主地位和军事战略需要。

(2) 苏联军方同样于 20 世纪 70 年代中期提出 GLONASS 计划,并于 1982 年 10 月 12 日发射了第一颗卫星。GLONASS 星座由 21 颗处于工作状态的卫星加 3 颗处于工作状态的在轨备份卫星组成。1995 年 12 月俄罗斯成功布满了 24 颗卫星星座,1996 年宣布这些卫星具备全运行能力,但是在那以后许多老卫星很快失效,整个星座迅速退化。随着俄罗斯经济的复苏,GLONASS 系统也在逐步完善。除了尽快完成星座部署实现满星座运行之外,系统也在紧锣密鼓地进行技术革新与升级:一方面,新发卫星将采用码分多址的技术体制,逐步向全球通用的卫星导航信号体制过渡;另一方面,提高卫星寿命已经成为 GLONASS 目前必须解决的关键问题之一,以避免长期以来星座由于卫星寿命到期而降阶运行的严重问题;另外,星间链路亦成为 GLONASS 解决海外建站难题的不二选择;最后,正在建设的地面监测与差分网络也是提升系统性能的重要举措。

(3) 20 世纪 90 年代初期,欧盟和欧洲空间局提出 GALILEO 计划。GALILEO 空间段由位于中高度轨道的 30 颗卫星构成,分别置于 3 个轨道面。由于 GALILEO 系统与 GPS 的某些信号具有相同的中心频率,如 GALILEO 系统的 E5a 和 E2 - L1 - E1 与 GPS 的 L5 和 L1,因此该系统能够与 GPS 系统实现高度兼容。作为卫星导航系统的新生力量,以 GALILEO 为代表的新一代卫星导航系统已经成为全球卫星导航领域中的重要成员。虽然新生系统整体上面临着夹缝中生存的先天不足,但新型调制技术的创新理念为其增添了许多生命力。

(4) 北斗卫星导航系统(BeiDou Navigation Satellite System,BDS)是中国正在实施的自主发展、独立运行的全球卫星导航系统。20 世纪 90 年代,我国开始建设北斗一代卫星导航系统,采用码分多址的卫星无线电测定业务(Radio Determination Satellite Service,RDSS)体制,用户在需要定位时发射定位申请信号,由地面中心控制系统解算位置,然后经过卫星链路告知用户。2004 年开始建设北斗第二代全球卫星导航系统,采用码分多址卫星无线电导航业务(Radio Navigation Satellite Service,RNSS)体制,用户可以自主解算位置。目前 BDS 已经具备覆盖亚太地区的定位、导航和授时以及短报文通信服务能力,2020 年前将建成覆盖全球的北斗卫星导航系统。

开展国际合作已经成为进入 21 世纪以后卫星导航系统发展最重要的特点之一,并在客观上极大促进了卫星导航技术的整体进步,为 GNSS 系统间兼容与互操作的多系统融合应用提供了重要的技术基础。

兼容与互操作的信号体制正在成为新一代全球卫星导航系统区别以往的最大特征。

1.2 导航信号现代化

由于卫星导航频率资源十分有限,各主要卫星导航系统共用频段不可避免,由此带来的干扰会影响系统的性能,兼容问题非常突出。兼容性作为卫星导航系统共存和系统间互操作的前提一直是国际频率协调的重点。兼容性的定义目前已获得各个国家的广泛认可,即卫星导航系统的服务或信号能够独自或一起使用,而不会对各项单独的服务或信号造成不可接受的性能下降。在 L1、L2 这些特别适用于导航的频带上,新增信号不应该对原有信号性能产生较大影响;对军用和民用导航信号而言,更应该尽可能地实现频谱分离以减少相互干扰。

需要特别指出的是,信号在载波相位上的正交分离只能帮助接收机将同一个卫星发送的信号分离出来,而来自其他卫星的信号由于信道时延、多普勒频移、相位旋转等原因到达接收机时的状态是随机的,会导致接收机无法分离这些干扰。因此,实现新一代 GNSS 信号频谱在频率上的分离才是最有效的解决方法。

在新一代 GNSS 导航信号体制包含的众多因素中,调制方式是十分关键的一项,它决定了扩频码的码片脉冲形状,影响信号的时域波形和功率谱密度特性,其设计也贯穿了 GPS 信号体制现代化和 GALILEO 信号体制设计过程的始终。

下面重点介绍现代卫星导航系统的频谱规划和所采用的信号调制

方式,为之后的研究工作打下基础。

1. GPS 系统

GPS 现代化的一个主体思想即频率共用,通过引入新的调制方法解决以上问题。为此,1997 年 Srini H. Raghavan 和 Jack K. Holmes 等首先提出了一种 Tricode Hexaphase 调制技术,通过对每个伪随机码码片进行曼彻斯特编码,从而将信号从频带中间分离到两边。随后 John W. Betz 研究了正弦形式、方波形式的副载波,并在文献[6,7,9]中完整地提出了 BOC(Binary Offset Carrier)调制技术。BOC 调制可以看作对曼彻斯特编码技术的推广,提高了设计灵活性,成为 GPS 新型军用 M 码以及新型民用信号的设计方案。其中,M 码的调制方式为 BOC(10,5)码。

GPS 占用 3 个频段,分别是 L1、L2 和 L5。GPS 在这三个频段发播民用信号,同时在 L1 和 L2 频段发播军用信号。表 1-1 给出了 GPS 系统的频率分布和调制方式。从表中可以看到,GPS 系统较多地使用了 BPSK 和 QPSK 等传统的调制方式,仅仅使用了 BOC(10,5)和 TMBOC(6,1,4/33)等较为简单的新型调方式。

表 1-1　GPS 频率规划

频段/信号	载波频率/MHz	带宽/MHz	调制方式	码速率（兆码片/s）
L1 C/A			BPSK(1)	1.023
L1 C	1575.42	30.69	BOC(1,1) + TMBOC(6,1,4/33)	1.023
L1 P			BPSK(10)	10.23
L1 M			BOC(10,5)	5.115
L2 C			BPSK(1)	1.023
L2 P	1227.6	30.69	BPSK(10)	10.23
L2 M			BOC(10,5)	5.115
L5	1176.45	24	QPSK(10)	10.23

2. GALILEO 系统

2001 年欧盟 GALILEO Signal Task Force 工作组的成员 Guenter W. Hein 等提出了 GALILEO 系统的频率规划和信号设计方案,这也是欧

洲卫星导航系统的发展路线。方案中规划了 E5a、E5b、E6 和 E2 –
L1 – E1 四个频段,并广泛采用 BOC 调制技术,其中 E6 和 E2 – L1 – E1
频带上均复用 3 路信号,E5a 和 E5b 上采用相同的调制方式,使得接收
机对二者既可以同时处理,也可以单独处理。2002 年,Guenter W.
Hein 等提出在 E5a 和 E5b 频带上采用两个 QPSK(10)调制信号或 Alt-
BOC(15,10)调制信号,在 E6 和 E2 – L1 – E1 频带上采用改进的 Hex-
aphase 调制,即所谓的 Interplex 技术。2004 年 6 月 26 日,美国和欧盟
签订"Agreement on the Promotion, Provision and Use of GALILEO and
GPS Satellite – Based Navigation Systems and Related Applications",其中
一项就是 GPS 和 GALILEO 系统在以 1575.42MHz 为中心频率的 L1 /
E2 – L1 – E1 频段上采取相同的调制方式,以达到兼容互操作的目的。
来自美国和欧盟的专家们于 2006 年共同提出了 MBOC 调制技术,通过
在信号高频部分额外添加功率来提高信号跟踪精度,其中包括 TMBOC
(Time Multiplexed Binary Offset Carrier,时分多路二进制偏移载波)和
CBOC(Composite Binary Offset Carrier,混合二进制偏移载波)两种具体
实现形式。

GALILEO 系统未来将提供多种右旋圆极化方式的导航信号,分
别分布在 3 个频段,不同频段的调制方式也不尽相同。由于 GALI-
LEO 系统与 GPS 系统在 L1 和 L5 频段共用,为了实现两个系统兼容
性和互操作,在 1575.42MHz 频点处两系统分别使用 CBOC 和
TMBOC 调制方式。GALILEO 系统和 GPS 系统的频谱占用情况如
图 1 –1所示。从表 1 –2中可以看到,GALILEO 系统较多地采用了新
型调制方式。

3. 北斗卫星导航系统

谭述森院士在文献[5]中指出,北斗第二代全球卫星导航系统初
步设计为 3 个载波 10 个导航信号。其中 B2a 和 B2b 频带提供公开
导航服务信号,拟采用 AltBOC(15,10)调制;B3 频带提供授权导航
服务信号,该频带复用了 3 个信号,包括 1 个 BPSK(10)信号和 2 个
BOC(15,2.5)信号;B1c 频带提供 1 个采用 MBOC(6,1,1/11)调制
的公开导航服务信号和 2 个采用 BOC(14,2)调制的授权导航服务
信号。

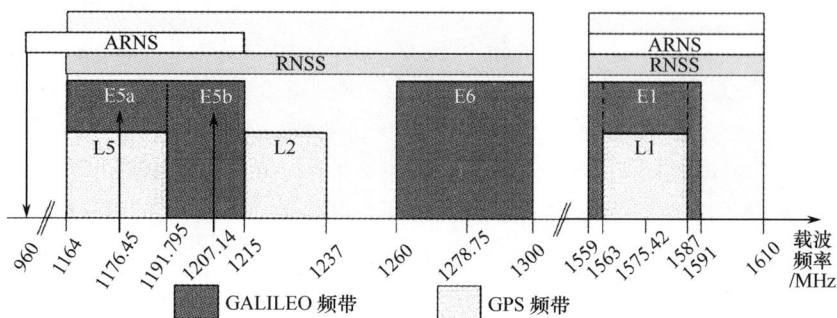

图 1-1　GPS 和 GALILEO 频谱占用

表 1-2　GALILEO 频率规划

信号		载波频率/MHz	带宽/MHz	调制方式	码速率/（兆码片/s）
E1	B	1575.42	24.552	CBOC（6,1,1/11）	1.023
	C				
E6	B	1278.75	40.92	BPSK(5)	5.115
	C				
E5		1191.795	51.15	—	—
E5a	I	1176.45	20.46	AltBoc（15,10）	10.23
	Q				
E5b	I	1207.14			
	Q				

　　目前,已建成的北斗区域导航系统主要采用 QPSK 调制方式,根据官方公布的 ICD 文件,表 1-3 给出了其频率占用情况。北斗、GPS 和 GALILEO 经过多次频率协调,并就 BDS 的 L 频段卫星导航信号中心频率、调制方式、公开信号的伪码等参数进行了交流和研究。表 1-4 给出了未来北斗全球卫星导航系统可能采用的信号体制,从表中可以看到,北斗全球卫星导航系统未来也将采用较多的新型信号调制方式。

6

表 1 - 3　北斗区域导航系统频率规划

信号	载波频率/MHz	带宽/MHz	调制方式	码速率/(兆码片/s)
B1(I)	1561.098	4.096	QPSK	2.046
B1(Q)	1561.098	4.096	QPSK	2.046
B2(1)	1207.14	24	QPSK	2.046
B2(Q)	1207.14	24	QPSK	10.23
B3	1268.52	24	QPSK	10.23

表 1 - 4　北斗全球卫星导航系统预期频率规划

信号	载波频率/MHz	调制方式	码速率/(兆码片/s)
B1 - Cd	1575.42	BOC(1,1)	1.023
B1 - Cp	1575.42	TMBOC(6,1,4/33)	1.023
B1 - A	1575.42	TDDM - BOC(14,2)	2.046
B2Ad	1191.795		10.23
B2aP	1191.795		10.23
B2bD	1191.795	TD - A1tBOC(15,10)	10.23
B2bP	1191.795		10.23
B3	1268.52	QPSK(10)	10.23
B3 - AD	1268.52	BOC(15,2.5)	2.5575
B3 - AP	1268.52	BOC(15,2.5)	2.5575

北斗卫星 RNSS 基本信号频谱示意图如图 1 - 2 所示。

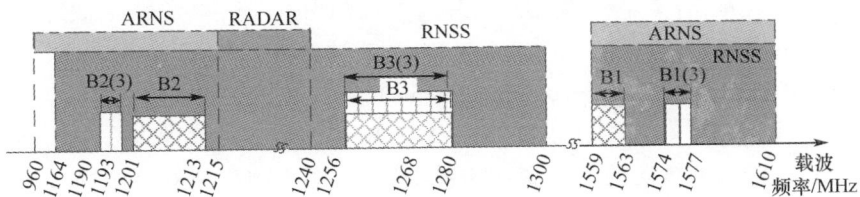

图 1 - 2　北斗卫星 RNSS 基本信号频谱示意图

从前面的讨论可以看到,现代导航系统将更多地采用 BOC 及 BOC 衍生的调制方式以及 InterPlex 等单载波复用调制,这与传统 BPSK 信号在相关性能、频谱结构、星座图等方面都存在较大差异,因此新一代

GNSS 信号的接收与处理将采用有别于传统信号的分析方法。结合新一代导航信号的特征,深入研究新型导航信号同步技术,是实现 GNSS 兼容与互操作接收系统必不可少的关键环节,具有很好的理论与工程实践意义。

1.3 章节安排

本书主要针对新一代 GNSS 导航信号的同步机理和导航性能展开研究:首先,在理论上定性分析新型 GNSS 信号的码和载波跟踪机理、抗干扰和抗多径性能,并给出数值仿真的定量评估结果;接着具体分析新一代 GNSS 导航信号的测距性能,定量描述典型场景下信号质量与导航性能间非定常耦合关系;最后,介绍 GNSS 信号模拟软件和 GNSS 信号导航性能分析软件的逻辑架构、功能模块和核心功能的实现方法,并对实测 GALILEO 系统的 E1 和 E5 信号进行分析和评估。

本书共分 6 章,每章内容安排如下:

第 1 章,阐述卫星导航系统的发展现状和信号体制,给出四大主流 GNSS 系统新一代信号体制的主要特征。

第 2 章,讨论新一代卫星导航信号的调制方式,研究 BOC 信号、MBOC 信号、AltBOC 信号、TDDM - BOC 信号和 TD - AltBOC 信号等 BOC 类信号的产生方法、自相关特性和功率谱特性,给出 3 种新一代卫星导航系统中特有的单载波复用调制方式。

第 3 章,针对新一代 GNSS 普遍采用的 BOC 类信号,进一步研究现有的 BOC 类信号的同步(捕获和码/载波跟踪)方法,介绍 BPSK - like 算法、ASPeCT 算法、Bump - Jumping 算法、双环路跟踪算法以及时分信号 TDDM - BOC 信号和 TD - AltBOC 信号的码跟踪策略,定性和定量分析每种算法的利弊和适用范围;最后深入剖析现有载波同步方法的不足,给出一种高动态应用场景下导航信号的载波跟踪机制,实现高动态环境下 GNSS 信号载波环路带宽自适应控制,很好地平衡了环路动态性能和噪声性能之间的矛盾。

第 4 章,从理论上,对新一代 GNSS 信号的码跟踪精度、抗干扰性能和抗多径性能等方面的导航性能,进行定量分析和评估。

第 5 章,主要以北斗信号可能采用的 BPSK(10)、TDDM – BOC(14,2)、TMBOC(6,1,1/11)以及 TD – AltBOC(15,10)为例,分析信号功率谱畸变、码片波形数字畸变和模拟畸变、载波相位偏差以及多径干扰对导航信号测距性能的影响。

第 6 章,介绍作者设计的"GNSS 信号模拟软件"和"GNSS 信号导航性能分析软件",并利用软件对真实的 GALILEO 信号进行分析与评估。

第 2 章　新一代 GNSS 信号

本章首先介绍常见的 BOC 类信号调制方式,分析其调制机理、自相关函数、功率谱等特性。然后介绍新一代导航系统中特有的单载波复用调制方法,为后续的研究打下基础。

2.1　BOC 类调制方式

2.1.1　BOC 调制

2001 年,John. W. Betz 首次提出了应用于导航信号领域的 BOC(Binary Offset Carrier)调制方式。与传统的 BPSK 信号相比,BOC 信号在调制过程中额外增加了一个子载波项,利用子载波实现了功率谱的上下搬移,把位于中心频点处的主峰搬移到远离中心的频段处。同时,子载波使得 BOC 调制的自相关函数出现"多峰",主峰变得更窄。

BOC 信号的子载波是与导航数据比特及伪随机序列同步的方波(取值为 ±1),有正弦相位和余弦相位两种形式。假定 BOC 信号子载波的频率 $f_s = m \times 1.023\,\mathrm{MHz}$,伪随机码速率 $f_c = n \times 1.023$ 兆码片/s,则采用正弦相位子载波的 BOC 信号通常记为 BOC(m,n),而采用余弦相位子载波的 BOC 信号则记为 BOCc(m,n)。BOC 调制机理如图 2-1 所示。导航数据比特依次和本地产生的伪随机码、子载波相乘,形成基带信号,然后调制到高频载波上发射。BOC 信号的数学表达式为

$$s(t) = \sqrt{2P}d(t)c(t)\mathrm{sc}(t)\cos(\omega_0 t + \theta_0) \qquad (2-1)$$

式中:P 为信号功率;$d(t)$ 为导航数据比特;$c(t)$ 为伪随机码;$\mathrm{sc}(t)$ 为子载波。

BOC(m,n)信号的自相关函数和功率谱具有如下规律:

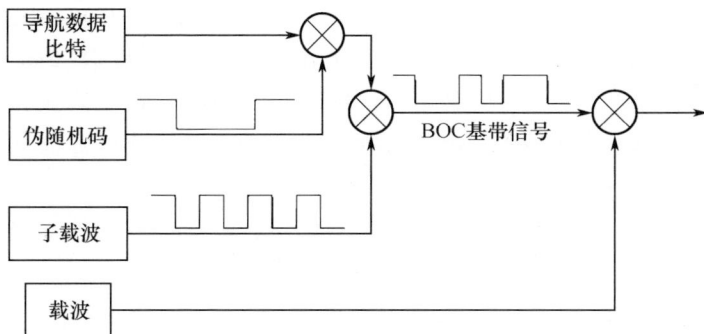

图 2 - 1　BOC 信号调制原理框图

（1）功率谱主瓣和主瓣间的副瓣之和等于 $2m/n$，且主瓣宽度为伪随机码速率的 2 倍，副瓣宽度等于伪随机码速率。

（2）在无限带宽的条件下，BOC 调制信号的自相关函数正负峰的总个数是 $4m/n - 1$。

下面直接给出 BOC 信号的功率谱表达式：

$$G_{\text{BOC}}(f) = \begin{cases} f_c\left[\dfrac{\sin\left(\dfrac{\pi f}{2f_s}\right)\sin\left(\dfrac{\pi f}{f_c}\right)}{\pi f\cos\left(\dfrac{\pi f}{2f_s}\right)}\right]^2 & 2m/n\ \text{为偶数} \\[4ex] f_c\left[\dfrac{\sin\left(\dfrac{\pi f}{2f_s}\right)\cos\left(\dfrac{\pi f}{f_c}\right)}{\pi f\cos\left(\dfrac{\pi f}{2f_s}\right)}\right]^2 & 2m/n\ \text{为奇数} \end{cases} \quad (2-2)$$

$$G_{\text{BOCc}}(f) = \begin{cases} f_c\left[\dfrac{\sin\left(\dfrac{\pi f}{f_c}\right)}{\pi f\cos\left(\dfrac{\pi f}{2f_s}\right)}\left[\cos\left(\dfrac{\pi f}{2f_s}\right) - 1\right]\right]^2 & 2m/n\ \text{为偶数} \\[4ex] f_c\left[\dfrac{\cos\left(\dfrac{\pi f}{f_c}\right)}{\pi f\cos\left(\dfrac{\pi f}{2f_s}\right)}\left[\cos\left(\dfrac{\pi f}{2f_s}\right) - 1\right]\right]^2 & 2m/n\ \text{为奇数} \end{cases}$$

$$(2-3)$$

图 2 - 2 和图 2 - 3 给出了 BPSK(1)、BOC(14,2)和 BOC(10,5)的自相关函数和功率谱。从图中可以看出,信号的调制系数($2m/n$)越高,信号的自相关函数主峰越尖锐。BOC 信号将功率谱主瓣搬移到远离中心频率位置,和传统 BPSK 信号功率谱相互分离,具有较好的兼容性。

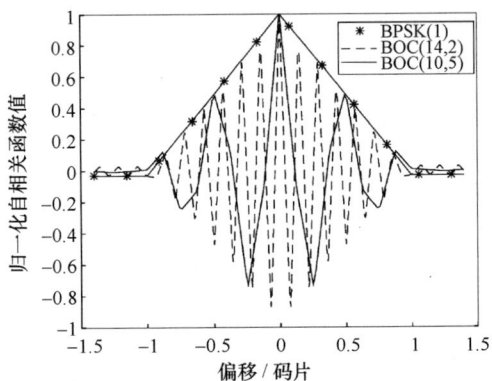

图 2 - 2　BOC 信号归一化自相关函数

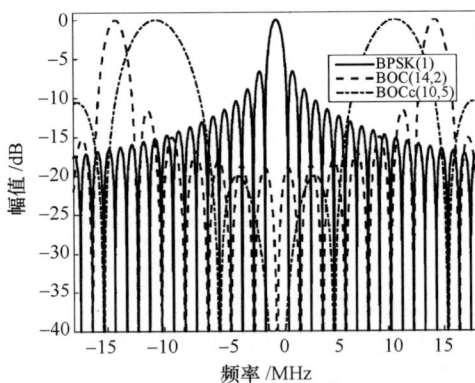

图 2 - 3　BOC 信号归一化功率谱密度

2.1.2　MBOC 调制

2004 年,欧盟和美国签订协议,协议规定在 2006 年将 MBOC 调制作为改善信号设计和信号性能的新的调制方式。MBOC 是从频域上进行定义的,其功率谱密度是数据通道信号和导频通道信号的联合功率谱密度。经过大量分析研究之后,工作组提议 MBOC(6,1,1/11)调制方式作为 GALILEO E1 频点和 GPS L1C 信号的调制方式,其功率谱密度表示为

$$G_{MBOC}(f) = \frac{10}{11}G_{BOC}(1,1) + \frac{1}{11}G_{BOC}(6,1) \qquad (2-4)$$

目前,GPS 系统采用 TMBOC 的方式实现 MBOC(6,1,1/11),而 GALILEO 系统采用 CBOC 的方式,下面对这两种方式进行介绍。

2.1.2.1 TMBOC 调制

TMBOC(Time – Multiplexed BOC)是将 BOC(1,1)和 BOC(6,1)进行时域复用,复用配置按照图 2-4 的方式实现:以伪随机码的 33 个码片长度为一个周期,第 1、5、7 和 30 个的码片位置上使用 6.138MHz 的方波作为子载波,而其他码片位置上使用 1.023MHz 的方波作为子载波。这样,信号中 BOC(1,1)成分的能量占 29/33,而 BOC(6,1)成分的能量占 4/33。在 GPS 系统中,L1C 数据通道采用 BOC(1,1)调制方式,功率分配为 25%;L1C 导频通道采用上述 TMBOC 调制方式,功率分配为 75%,这样就可以保证 L1C 信号符合 MBOC(6,1,1/11)信号的定义:

$$G_{L1C}(f) = \frac{1}{4}G_{data}(f) + \frac{3}{4}G_{pilot}(f)$$

$$= \frac{1}{4}G_{BOC(1,1)}(f) + \frac{3}{4} \times \left[\frac{29}{33}G_{BOC(1,1)}(f) + \frac{4}{33}G_{BOC(6,1)}(f) \right]$$

$$= \frac{10}{11}G_{BOC(1,1)} + \frac{1}{11}G_{BOC(6,1)} \qquad (2-5)$$

式中:$G(\cdot)$ 为信号功率谱密度函数。

2.1.2.2 CBOC 调制

CBOC(Composite Binary Offset Carrier)调制信号的子载波是由 BOC(1,1)和 BOC(6,1)两种子载波根据功率分配通过加权求和而得到。在 GALILEO 系统中,导频通道和数据通道的功率比为 1:1,均采用 CBOC(6,1,1/11)调制方式,其子载波的生成表达式分别为

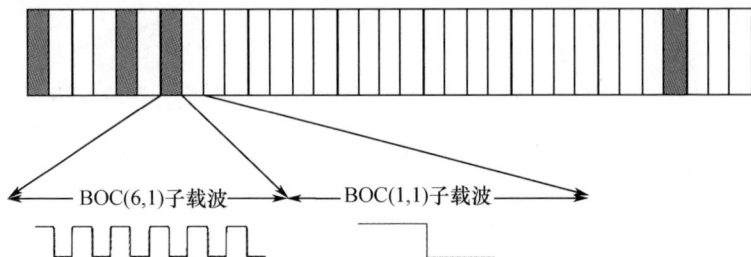

图 2 - 4   TMBOC(6,1,4/33)时隙分配

式(2-6)和式(2-7)。GALILEO 系统 E1 频点信号产生原理框图如图 2-5 所示,图中:$\alpha = \sqrt{10/11}$;$\beta = \sqrt{1/11}$。需要说明的是,经过加权产生的子载波不再是二元的符号,E1 频点两路民用信号均分布在同相支路,因此,E1 的星座图在 I 轴上对应四个值。授权信号只有 +1 和 -1 两个值,但由于 E1 还同时采用了 interplex 复用,有交调项,因而最终星座点分布在一个圆上(参见图 6-17),即信号恒包络。图 2-6 给出了 E1 频点基带信号的时域波形。

$$\mathrm{sc}_{\mathrm{E1,pilot}}(t) = \sqrt{\frac{10}{11}}G_{\mathrm{BOC}(1,1)}(t) - \sqrt{\frac{1}{11}}G_{\mathrm{BOC}(6,1)}(t) \qquad (2-6)$$

$$\mathrm{sc}_{\mathrm{E1,data}}(t) = \sqrt{\frac{10}{11}}G_{\mathrm{BOC}(1,1)}(t) + \sqrt{\frac{1}{11}}G_{\mathrm{BOC}(6,1)}(t) \qquad (2-7)$$

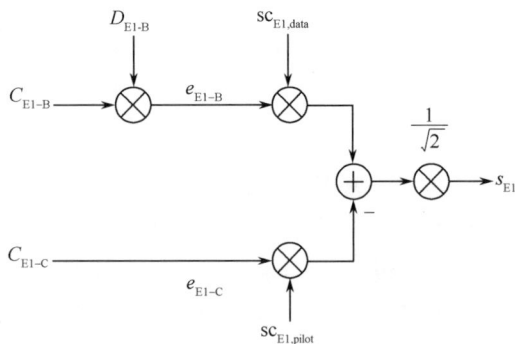

图 2 - 5   E1 频点信号产生原理框图

14

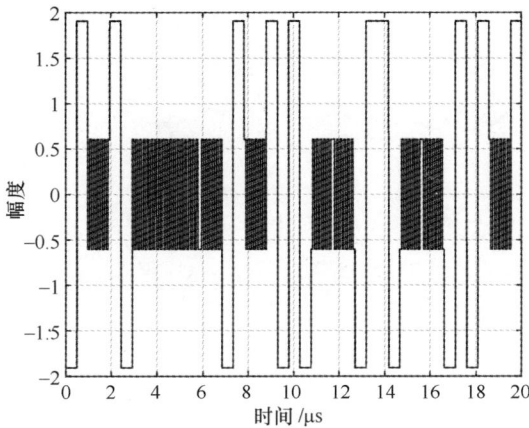

图 2-6 E1 频点基带信号的时域波形

图 2-7 给出了 BPSK(1)、BOC(1,1)和 MBOC(6,1,1/11)的功率谱密度,从功率谱中可以看出,距离中心频率 6MHz 附近的功率谱上 MBOC(6,1,1/11)信号能量明显增加,与 MBOC(6,1,1/11)理论值相符,会增加信号的 Gabor 带宽,即接收机的跟踪精度会增加。图 2-8 给出了 BPSK(1)、BOC(1,1)、TMBOC(6,1,1/11)、E1 导频通道及 E1 数据通道信号的自相关函数。MBOC(6,1,1/11) 调制与 BOC(1,1)相比增加了少量的高频分量,并且其相关峰也比 BOC(1,1) 尖锐,所以 MBOC(6,1,1/11)调制与 BOC(1,1)相比具有更好的抗多径和码跟踪性能。同时,在接收处理中可以采用 BOC(1,1)作为本

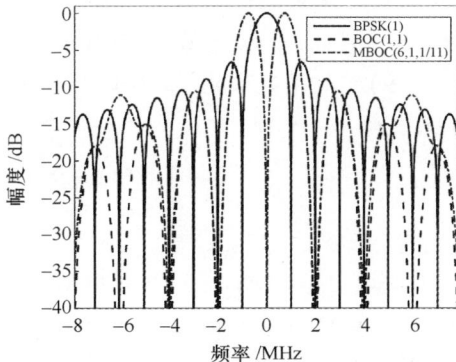

图 2-7 MBOC 信号归一化功率谱密度

15

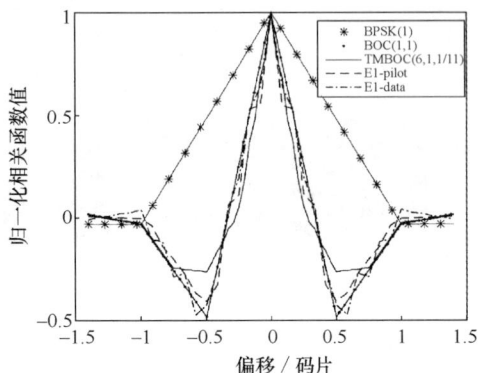

图 2 - 8　MBOC 信号归一化自相关函数

地码对 MBOC 信号进行捕获和跟踪,这说明了 BOC(1,1)调制信号可以与 MBOC(6,1,1/11)调制信号实现互操作,可以降低接收设备的复杂性。对于 E1 信号而言,数据信号和导频信号的自相关函数也并不完全相同。

2.1.3　AltBOC 调制

AltBOC(Alternative Binary Offset Carrier,交替二进制偏置载波)调制的子载波不再是二进制方波形式,而是复指数,可以表示为

$$sc_{AltBOC}(t) = sgn(cos2\pi f_s t) + j \cdot sgn(sin2\pi f_s t) \qquad (2-8)$$

经过复指数的子载波调制之后信号的频谱整体向单侧搬移,不再是分裂到载波的两边。因此,可以使用 AltBOC 信号上下不同边带承载不同信息。式(2-9)给出了四通道 AltBOC 调制基带信号的时域表达式,其中 * 表示取共轭。

$$s(t) = [c_A(t) + jc_B(t)] \times sc^*_{AltBOC}(t) + [c_C(t) + jc_D(t)] \times sc_{AltBOC}(t)$$
$$(2-9)$$

图 2 - 9 给出了四通道 AltBOC 信号的时域波形及星座图,从图中可以看到,四通道 AltBOC 信号是非恒包络的,并且有零相位出现。卫星发射信号时通常要用到高功率放大器(HPA),它的放大是非线性的,如果信号包络不恒定,经过此放大器后信号会产生幅度 - 相位

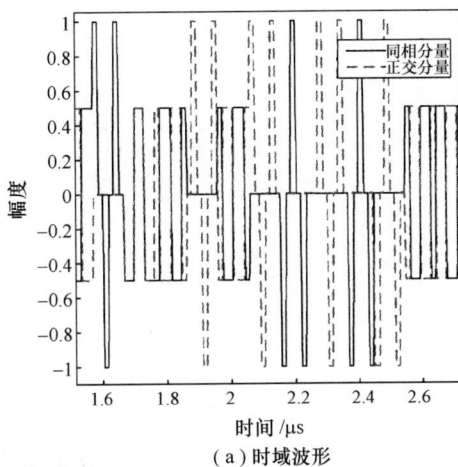

（a）时域波形

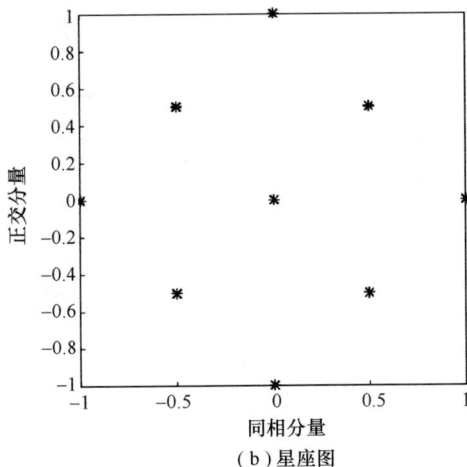

（b）星座图

图 2 - 9　标准 AltBOC(15,10)信号基带时域波形及星座图

（AM - PM）失真,因此实际 GALILEO 系统中并未直接采用这种调制方式,而采用了恒包络 AltBOC 调制方式。

以 GALILEO 系统 E5 频点的信号为例,恒包络 AltBOC(15,10)调制信号生成表达式可以表示为

$$s_{E5}(t) = \frac{1}{2\sqrt{2}} \cdot [e_{E5a-I}(t) + j \cdot e_{E5a-Q}(t)] \cdot$$
$$[sc_{E5-S}(t) - j \cdot sc_{E5-S}(t - T_{s,E5}/4)] +$$

17

$$\frac{1}{2\sqrt{2}} \cdot [\, e_{E5b-I}(t) + j \cdot e_{E5b-Q}(t) \,] \cdot$$

$$[\, sc_{E5-S}(t) + j \cdot sc_{E5-S}(t - T_{s,E5}/4) \,] +$$

$$\frac{1}{2\sqrt{2}} \cdot [\, \bar{e}_{E5a-I}(t) + j \cdot \bar{e}_{E5a-Q}(t) \,] \cdot$$

$$[\, sc_{E5-P}(t) + j \cdot sc_{E5-P}(t - T_{s,E5}/4) \,] +$$

$$\frac{1}{2\sqrt{2}} \cdot [\, \bar{e}_{E5b-I}(t) + j \cdot \bar{e}_{E5b-Q}(t) \,] \cdot$$

$$[\, sc_{E5-P}(t) + j \cdot sc_{E5-P}(t - T_{s,E5}/4) \,] \tag{2-10}$$

式中：e_{5a-I}、e_{5b-I} 和 e_{5a-Q}、e_{5b-Q} 分别为 E_{5a}、E_{5b} 数据分量和导频分量；$\bar{e}_{E5a-I}(t)$、$\bar{e}_{E5a-Q}(t)$、$\bar{e}_{E5b-I}(t)$、$\bar{e}_{E5b-Q}(t)$ 为补偿信号，表达式为

$$\bar{e}_{E5a-I}(t) = e_{E5a-Q}(t) \cdot e_{E5b-I}(t) \cdot e_{E5b-Q}(t)$$
$$\bar{e}_{E5a-Q}(t) = e_{E5a-I}(t) \cdot e_{E5b-I}(t) \cdot e_{E5b-Q}(t)$$
$$\bar{e}_{E5b-I}(t) = e_{E5a-I}(t) \cdot e_{E5a-Q}(t) \cdot e_{E5b-Q}(t) \tag{2-11}$$
$$\bar{e}_{E5b-Q}(t) = e_{E5a-I}(t) \cdot e_{E5a-Q}(t) \cdot e_{E5b-I}(t)$$

$sc_{E5-S}(t)$ 和 $sc_{E5-P}(t)$ 分别称为信号项子载波和乘积项子载波，具体表达式为

$$sc_{E5-S}(t) = \sum_{i=-\infty}^{+\infty} AS_{i\,\mathrm{mod}\,8}\, rect_{T_s/8}(t - i \cdot T_s/8) \tag{2-12}$$

$$sc_{E5-P}(t) = \sum_{i=-\infty}^{+\infty} AP_{i\,\mathrm{mod}\,8}\, rect_{T_s/8}(t - i \cdot T_s/8) \tag{2-13}$$

式中：AS 和 AP 系数如表 2-1 所列。

表 2-1 AS 和 AP 取值表

i	0	1	2	3	4	5	6	7
AS	$\frac{\sqrt{2}+1}{2}$	$\frac{1}{2}$	$-\frac{1}{2}$	$\frac{-\sqrt{2}-1}{2}$	$\frac{-\sqrt{2}-1}{2}$	$-\frac{1}{2}$	$\frac{1}{2}$	$\frac{\sqrt{2}+1}{2}$
AP	$\frac{-\sqrt{2}+1}{2}$	$\frac{1}{2}$	$-\frac{1}{2}$	$\frac{\sqrt{2}-1}{2}$	$\frac{\sqrt{2}-1}{2}$	$-\frac{1}{2}$	$\frac{1}{2}$	$\frac{-\sqrt{2}+1}{2}$

图 2 - 10 给出了恒包络 AltBOC(15,10)信号的星座图和基带信号时域波形,可以看到恒包络 AltBOC(15,10)信号的星座图和 8PSK 信号的星座图类似。

下面给出标准 AltBOC(15,10)调制信号和恒包络 AltBOC(15,10)调制信号的功率谱表达式:

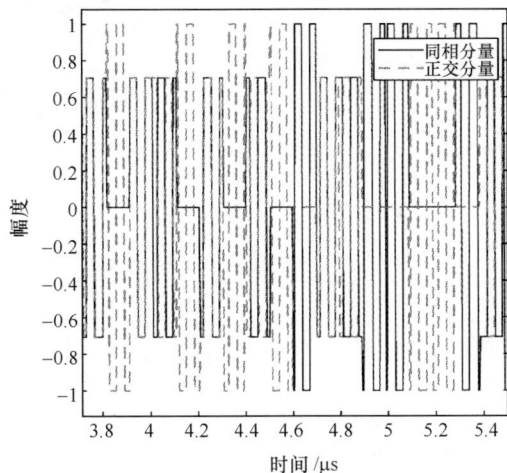

(a) 时域波形

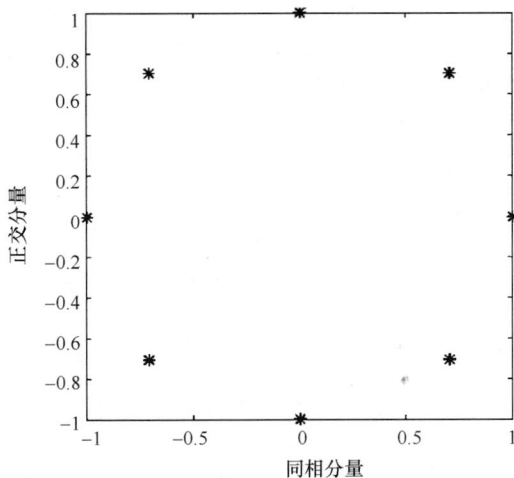

(b) 星座图

图 2 - 10　恒包络 AltBOC(15,10)信号基带时域波形及星座图

$$G_{\text{standard}-\text{AltBOC}}(f) = \begin{cases} \dfrac{8f_c}{\pi^2 f^2} \dfrac{\sin^2\left(\dfrac{\pi f}{f_c}\right)}{\cos^2\left(\dfrac{\pi f}{pf_c}\right)}\left[1-\cos\left(\dfrac{\pi f}{pf_s}\right)\right] & p=2f_s/f_c, \text{为偶数} \\[4ex] \dfrac{8f_c}{\pi^2 f^2} \dfrac{\cos^2\left(\dfrac{\pi f}{f_c}\right)}{\cos^2\left(\dfrac{\pi f}{pf_c}\right)}\left[1-\cos\left(\dfrac{\pi f}{pf_s}\right)\right] & p=2f_s/f_c, \text{为奇数} \end{cases}$$

$$(2-14)$$

$$G_{\text{constant}-\text{AltBOC}}(f)$$

$$= \begin{cases} \dfrac{4f_c}{\pi^2 f^2}\dfrac{\sin^2\left(\dfrac{\pi f}{f_c}\right)}{\cos^2\left(\dfrac{\pi f}{pf_c}\right)}\left[\begin{array}{c}\cos^2\left(\dfrac{\pi f}{2f_s}\right)-\cos\left(\dfrac{\pi f}{2f_s}\right)\\ -2\cos\left(\dfrac{\pi f}{2f_s}\right)\cos\left(\dfrac{\pi f}{4f_s}\right)+2\end{array}\right] & p=2f_s/f_c, \text{为偶数} \\[6ex] \dfrac{4f_c}{\pi^2 f^2}\dfrac{\cos^2\left(\dfrac{\pi f}{f_c}\right)}{\cos^2\left(\dfrac{\pi f}{pf_c}\right)}\left[\begin{array}{c}\cos^2\left(\dfrac{\pi f}{2f_s}\right)-\cos\left(\dfrac{\pi f}{2f_s}\right)\\ -2\cos\left(\dfrac{\pi f}{2f_s}\right)\cos\left(\dfrac{\pi f}{4f_s}\right)+2\end{array}\right] & p=2f_s/f_c, \text{为奇数} \end{cases}$$

$$(2-15)$$

图 2-11 给出了标准 AltBOC(15,10)、恒包络 AltBOC(15,10) 和 BOC(15,10) 的功率谱。图 2-12 给出了标准 AltBOC(15,10)、恒包络 AltBOC(15,10) 和 BOC(15,10) 的自相关函数。

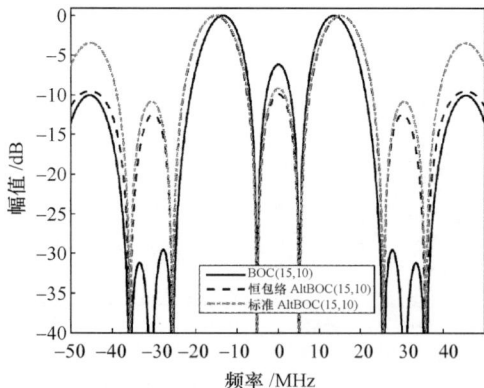

图 2-11 AltBOC 信号功率谱密度

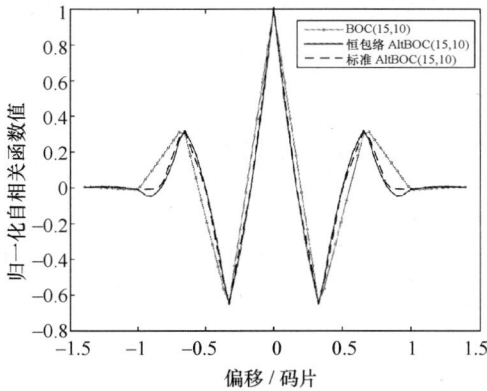

图 2 - 12　AltBOC 信号归一化自相关函数

2.1.4　TDDM - BOC 调制

TDDM - BOC 调制技术利用时分的思想,扩频伪码序列的奇数码片上调制导航比特而偶数码片不调制信息。TDDM - BOC 时分数据调制技术允许存在非调制或无数据分量,因此对信号进行捕获或跟踪时方便进行长时间累加,便于提高接收机的捕获和跟踪灵敏度。TDDM - BOC 调制信号的生成原理如图 2 - 13 所示:首先通过 TDDM 调制器为伪码的奇数码片调制导航比特而偶数码片不调制信息,然后将调制后的伪码分别调制到子载波和载波上发射。

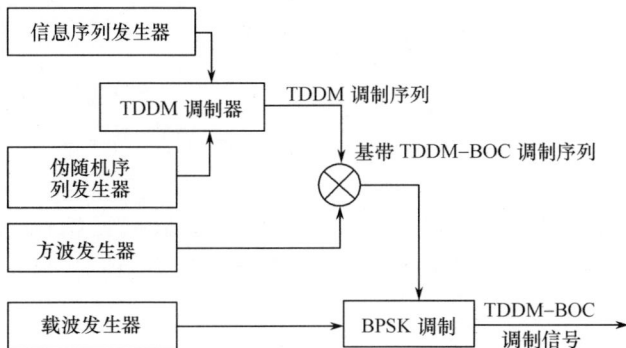

图 2 - 13　TDDM - BOC 调制信号生成原理图

从上面的生成原理中可以看出,TDDM-BOC 调制信号和 BOC 信号几乎是一致的,两者的自相关函数、功率谱等特性应当是完全相同的,此处不再赘述。

2.1.5　TD-AltBOC 调制

TD-AltBOC(Time Division Alternative BOC)调制方式是由我国华中科技大学唐祖平博士提出的一种调制方式。TD-AltBOC 调制方式解决了 AltBOC 调制复用效率低、接收处理非常复杂的问题,同时具有和 AltBOC 调制相近的频谱特性,其互操作性、接收灵活性、多址性能、抗干扰能力也与 AltBOC 调制相当;当接收机前端带宽大于 50MHz 时,TD-AltBOC(15,10) 的测距精度、抗多径性能优于 AltBOC(15,10)。TD-AltBOC 调制技术也是采用时分的方式,将 4 个信号分量分两个时隙交替传送:在同一时隙内同时传送上下两个边带同一类别(数据或导频)信号分量,其时隙分配如图 2-14 所示。

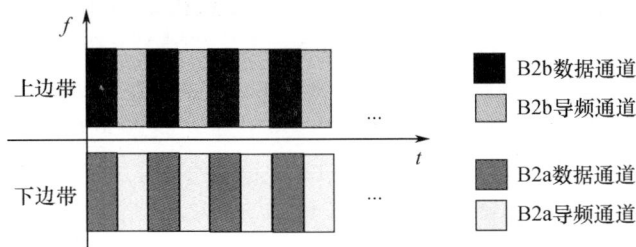

图 2-14　TDDM-BOC 信号生成原理图

TD-AltBOC 基带调制信号的数学表达式为

$$s(t) = [d_A(t)c_{AD}(t) + c_{AP}(t)] \cdot [sc_{B,\cos}(t) - jsc_{B,\sin}(t)] + [d_B(t)c_{BD}(t) + c_{BP}(t)] \cdot [sc_{B,\cos}(t) + jsc_{B,\sin}(t)]$$

$$(2-16)$$

式中:$d_A(t)$ 和 $d_B(t)$ 分别为上下边带的导航数据比特;$sc_{B,\cos}(t)$ 和 $sc_{B,\sin}(t)$ 分别为具有余弦相位和正弦相位的方波;$c_{AD}(t)$、$c_{AP}(t)$、$c_{BD}(t)$ 和 $c_{BP}(t)$ 分别为

$$c_{AD}(t) = \sum_{l=-\infty}^{\infty} \sum_{k=0}^{N_{AD}-1} C_{AD}(k)p(t - (2N_{AD}l + 2k)T_c) \quad (2-17)$$

22

$$c_{\mathrm{AP}}(t) = \sum_{l=-\infty}^{\infty} \sum_{k=0}^{N_{\mathrm{AP}}-1} C_{\mathrm{AP}}(k)p(t-(2N_{\mathrm{AP}}l+2k+1)T_{\mathrm{c}})$$

$$(2-18)$$

$$c_{\mathrm{BD}}(t) = \sum_{l=-\infty}^{\infty} \sum_{k=0}^{N_{\mathrm{BD}}-1} C_{\mathrm{BD}}(k)p(t-(2N_{\mathrm{BD}}l+2k)T_{\mathrm{c}}) \quad (2-19)$$

$$c_{\mathrm{BP}}(t) = \sum_{l=-\infty}^{\infty} \sum_{k=0}^{N_{\mathrm{BP}}-1} C_{\mathrm{BP}}(k)p(t-(2N_{\mathrm{BP}}l+2k+1)T_{\mathrm{c}}) \quad (2-20)$$

式中：C_{AD}、C_{AP}、C_{BD} 和 C_{BP} 为伪码；N 为与下标相对应的伪码的码长；$p(t)$ 为

$$p(t) = \begin{cases} 1 & 0 \leqslant t < T_{\mathrm{c}} \\ 0 & \text{其他} \end{cases} \quad (2-21)$$

TD – AltBOC 信号的功率谱可以看作四路信号功率谱的平均，可以得到 AltBOC 信号的功率谱表达式为

$$G_{\mathrm{TD-AltBOC}}(f) = \begin{cases} \dfrac{2f_{\mathrm{c}}}{(\pi f)^2}\sin^2\left(\dfrac{\pi f}{f_{\mathrm{c}}}\right)\dfrac{\sin^2\left(\dfrac{\pi f}{4f_{\mathrm{s}}}\right)}{\cos^2\left(\dfrac{\pi f}{f_{\mathrm{s}}}\right)} & 2f_{\mathrm{s}}/f_{\mathrm{c}} \text{ 为偶数} \\[6mm] \dfrac{2f_{\mathrm{c}}}{(\pi f)^2}\cos^2\left(\dfrac{\pi f}{f_{\mathrm{c}}}\right)\dfrac{\sin^2\left(\dfrac{\pi f}{4f_{\mathrm{s}}}\right)}{\cos^2\left(\dfrac{\pi f}{f_{\mathrm{s}}}\right)} & 2f_{\mathrm{s}}/f_{\mathrm{c}} \text{ 为奇数} \end{cases}$$

$$(2-22)$$

文献[30]还分析了上下边带导频通道采用相同的伪码时信号的功率谱、自相关函数以及信号的生成原理框图，此处不再详细叙述。图 2 – 15 和图 2 – 16 分别给出了 TD – AltBOC(15,10)、恒包络 AltBOC(15,10) 和 BOC(15,10) 的功率谱和自相关函数，从图中可以看出 TD – AltBOC(15,10) 信号具有和恒包络 AltBOC(15,10) 信号类似的功率和自相关函数。

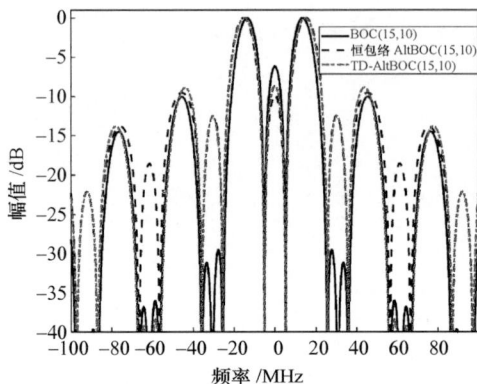

图 2 - 15　TD - AltBOC(15,10)信号功率谱

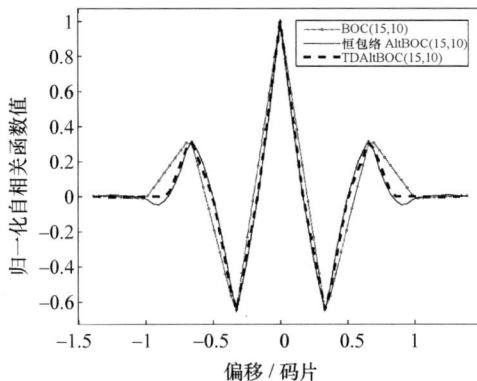

图 2 - 16　TD - AltBOC(15,10)信号自相关函数

2.2　单载波复用调制方式

　　互复用技术是目前较适合于卫星导航系统的一种多路复用技术，它是一种相移键控/相位调制(PSK/PM)的复用技术，即将多路信号复合成为一个相位调制的复合信号，并且通过产生额外的互调分量来保证总传输信号的包络恒定，使得星载大功率发射机可以工作在非线性饱和区，达到较好的发射效率，同时也不额外增加星上高功放载荷设计

及实现的复杂性。

互复用技术主要包括两种,分别是 GALILEO 使用的 Interplex 复用技术和 GPS 使用的 CASM(Coherent Adaptive Subcarrier Modulation,相干自适应副载波调制)复用技术。

2.2.1 Interplex 复用技术

Interplex 复用的一般表达式为

$$s(t) = \sqrt{2P}\cos\left[2\pi f_c t + \varphi(t)\right] \tag{2-23}$$

式中:P 为总的信号功率;f_c 为载波频率;$\varphi(t)$ 为调制的相位。

对于含有三路伪码信号$[s_1(t), s_2(t), s_3(t)]$的调制信号来说,信号的 Interplex 复用公式为

$$s(t) = \sqrt{2P}\cos\left[2\pi f_c t - \frac{\pi}{2}s_1(t) + \theta_2 s_1(t)s_2(t) + \theta_3 s_1(t)s_3(t)\right]$$
$$= s_1(t)\cos(2\pi f_c t) - s_Q(t)\sin(2\pi f_c t) \tag{2-24}$$

式中:$s_1(t)$ 为同相分量;$s_Q(t)$ 为正交分量。

$$s_1(t) = \sqrt{2P}\left(\sin\theta_2\cos\theta_3\right)s_2(t) + \sqrt{2P}\left(\cos\theta_2\sin\theta_3\right)s_3(t) \tag{2-25}$$

$$s_Q(t) = \sqrt{2P}\left(-\cos\theta_2\cos\theta_3\right)s_1(t) + $$
$$\sqrt{2P}\left(\sin\theta_2\sin\theta_3\right)s_1(t)s_2(t)s_3(t) \tag{2-26}$$

式(2-26)中 $\text{IM}(t) = (\sin\theta_2\sin\theta_3)s_1(t)s_2(t)s_3(t)$ 为 Interplex 复用中的互调分量。令 P_1、P_2、P_3、P_{IM} 分别为 $s_1(t)$、$s_2(t)$、$s_3(t)$、$\text{IM}(t)$ 信号的实际发射功率,则由式(2-25)和式(2-26)可知

$$\begin{cases} P_1 = P\cos^2\theta_2\cos^2\theta_3 \\ P_2 = P\sin^2\theta_2\cos^2\theta_3 \\ P_3 = P\cos^2\theta_2\sin^2\theta_3 \\ P_{\text{IM}} = P\sin^2\theta_2\sin^2\theta_3 \end{cases} \tag{2-27}$$

根据式(2-27)可知,如果信号的发射功率已经确定,则可以通过下式计算调相指数:

$$\theta_2 = \arctan(\sqrt{P_2/P_1}), \quad \theta_3 = \arctan(\sqrt{P_3/P_1}) \quad (2-28)$$

根据式(2-23)和式(2-28)可以得到三路信号 Interplex 复用方式的复用效率,即

$$\eta = \frac{P_1 + P_2 + P_3}{P} = 1 - \sin^2\theta_2 \sin^2\theta_3 \quad (2-29)$$

从式(2-29)中可以看出,调相指数 θ_2 和 θ_3 越小,复用效率越高。而从式(2-28)中可以看出,功率 P_1 越大,则调相指数 θ_2 和 θ_3 越小。因此当功率给定时,为了使 Interplex 复用效率最高,要将最大功率的信号选为 $s_1(t)$。

根据以上分析,可以得到三路信号的 Interplex 复用的实现结构图如图 2-17 所示。

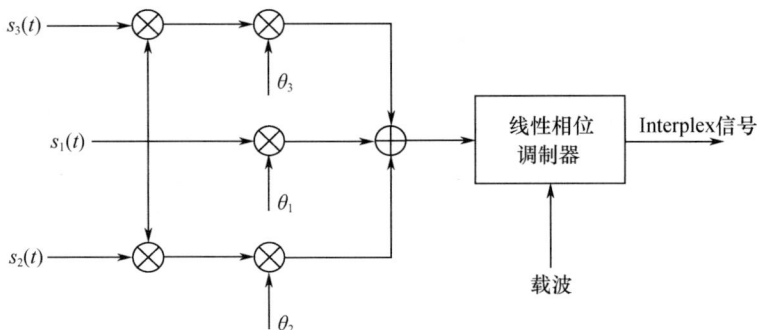

图 2-17 三路信号 Interplex 复用实现结构图

在 Interplex 复用当中,为了保证有用信号的功率效率最大,总是希望分配给有用信号较大的功率,而分配给互调分量较小的功率。

当 $\theta_1 = \pm\pi/2$ 时,可以将 Interplex 复用效率公式化简为

$$\eta = \frac{1 + \alpha_2 + \cdots + \alpha_k + \cdots + \alpha_N}{(1+\alpha_2)(1+\alpha_3)\cdots(1+\alpha_k)\cdots(1+\alpha_N)} \quad (2-30)$$

为了得到 Interplex 复用方式的复用效率的变化趋势,对式(2-30)求导,可得

$$\frac{\partial\eta}{\partial\alpha_k} = \frac{-(\alpha_2 + \alpha_3 + \cdots + \alpha_{k-1} + \alpha_{k+1} + \cdots + \alpha_N)}{(1+\alpha_2)(1+\alpha_3)\cdots(1+\alpha_k)^2\cdots(1+\alpha_N)} \quad (2-31)$$

由于式(2-31)中, α_i 为正数,因此可知 $\partial\eta/\partial\alpha_k$ 为负数,故复用效率为 α_k 的单调递减函数, α_k 越小,则复用效率越高。

根据式(2-30)和式(2-31)可以得到如下结论:

各路信号功率确定时:

(1)当 $s_1(t)$ 取各路信号中功率最大的信号时, $\alpha_k = P_k/P_1 \leqslant 1$,可使有用信号的功率效率最大。由于 $\alpha_k(k>1)$ 在式(2-31)中具有对称性,所以 $s_k(t)(k>1)$ 的选取对功率效率没有影响。

(2)当 $\alpha_k \rightarrow 0$ 时,由式(2-30)可知 $\eta \rightarrow 1$,故当 $s_1(t)$ 的功率远远大于其他各路信号的功率时,使用 Interplex 复用可以得到极大的功率效率。

(3)当 $\alpha_k = 1$ 时,Interplex 复用取到复用效率的下限 $\eta_{\min} = N/2^{N-1}$。可见随着路数 N 的增加,复用效率会急剧减小,当 $N = 3$ 时, $\eta_{\min} = 75\%$。

2.2.2 CASM 复用技术

CASM 复用也是一种相位调制技术,在复用的各路信号不含副载波调制或者副载波为单信号时,CASM 复用同 Interplex 复用在数学上是等效的。但当副载波为合成信号时,二者复用后有所差别。

对于 N 路输入信号,CASM 复用信号表达式如下:

$$s(t) = \sqrt{P_I}s_2(t)\cos(2\pi f_c t + \varphi_n(t)) -$$
$$\sqrt{P_Q}s_1(t)\sin(2\pi f_c t + \varphi_n(t))$$

其中

$$\varphi_n(t) = \sum_{k=3}^{N} m_k s_k(t)s_{m_k}(t), \quad m_k = \arctan\sqrt{\frac{P_{s_k}}{P_{m_k}}}$$

式中: P_I、P_Q 为 I、Q 支路信号的功率,大小为 $s_2(t)$ 和 $s_1(t)$ 的期望功率; $s_{m_k}(t)$ 表示取值为 $s_1(t)$ 或 $s_2(t)$; P_{s_k} 表示信号 $s_k(t)$ 的期望功率; P_{m_k} 表示信号 $s_2(t)$ 或 $s_1(t)$ 的期望功率,根据信号个数及不同的选择可计算不同的 m_k。

三路信号的 CASM 复用可以表示为

$$s(t) = \sqrt{P_I}s_2(t)\cos[2\pi f_c t + m_3 s_3(t)s_1(t)] -$$

$$\sqrt{P_Q}s_1(t)\sin\left[2\pi f_c t + m_3 s_3(t)s_1(t)\right]$$

$$=\left[\sqrt{P_1}s_2(t)\cos m_3 - \sqrt{P_Q}s_3(t)\sin m_3\right]\cos(2\pi f_c t) -$$

$$\left[\sqrt{P_Q}s_1(t)\cos m_3 + \sqrt{P_1}s_1(t)s_2(t)s_3(t)\sin m_3\right]\sin(2\pi f_c t)$$

$$(2-32)$$

三路信号,$s_{m_k}(t)$取$s_1(t)$时,CASM 复用结构图如图 2 – 18 所示。

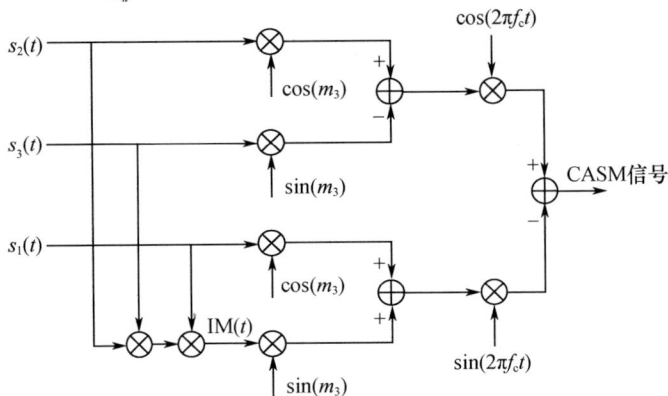

图 2 – 18   三路信号 CASM 复用结构图

在式(2 – 32)中,各个信号的功率为

$$\begin{cases} P_1 = P_Q\cos^2 m_3 \\ P_2 = P_1\cos^2 m_3 \\ P_3 = P_Q\sin^2 m_3 \\ P_{IM} = P_1\sin^2 m_3 \end{cases} \quad (2-33)$$

式中:P_1、P_2、P_3 分别为三路信号的发射功率;P_1 和 P_Q 分别表示 I 支路和 Q 支路的信号功率;$m_3 = \arctan\sqrt{P_3/P_1}$为调制指数。

因为 CASM 复用与 Interplex 复用在数学上是等效的,因此 N 路 Interplex 复用的结果也同样适用于 N 路 CASM 复用,只不过 CASM 复用中,要根据复用中 $s_{m_k}(t)$选择 $s_1(t)$ 或 $s_2(t)$ 不同,而调制指数 $m_k = \arctan\sqrt{P_{s_k}/P_{s_{mk}}}$的分母相应的选择 $s_1(t)$ 的功率 P_1 或者 $s_2(t)$ 的功率 P_2,但是这种变化不会改变数学上的等效性。

对于三路信号来说,根据式(2 – 33)可以计算出 CASM 复用的复

用效率为

$$\eta = \frac{P_1 + P_2 + P_3}{P_1 + P_2 + P_3 + P_{IM}} = \frac{P_Q + P_1 \cos^2 m_3}{P_1 + P_Q} = 1 - \frac{P_1 \sin^2 m_3}{P_1 + P_Q} \quad (2-34)$$

从式(2-34)可以看出，m_3 越小，复用效率越高。在给定信号功率的情况下，为了使复用效率最高，应该将 $s_{m_k}(t)$ 选为功率最大的信号。

2.2.3 最优相位复用技术

最优相位复用技术是一种在保证复用信号功率和相位关系约束的前提下，通过最优化算法计算调制信号的相位角度和幅度，从而保证复用效率最高的一种相位调制技术。这种方法是根据复用信号扩频码的每一码片的不同组合，计算出经过优化的相位表，而信号调制的载波相位则按照相位表中的相位进行传输。从理论上来说，最优相位技术是一种能复用任意路信号的恒包络复用技术，这与多数表决复用技术要求复用信号路数为奇数是不同的。

对于 N 路信号的复用效率，可以表示为传输信号的功率之和与复合信号的功率之比，定义为

$$\eta = \left(\frac{\sum_{n=1}^{N} |\mathrm{corr}_n|^2}{A^2} \right) \quad (2-35)$$

式中：corr_n 是第 n 个信号的复相关的大小，$|\mathrm{corr}_n|^2 = P_{dn}$ 为通过相关接收机测得的第 n 个信号的功率；A 为复用信号的包络，$A^2 = P_T$ 是传输的复用信号的总功率。

要想使 N 路信号的复用效率最高，需要在保证传输信号额定功率大小的前提下，尽可能地减小复合信号的功率，也即要尽可能地减少复用信号包络值的大小。而最优相位复用技术是把调制在载波上的相位看作所有复用的二进制信号码片取值的函数，其相位是通过采用最优化算法，在保证每一路信号功率大小和信号间相位关系的约束条件下使得复用信号包络值最小的情况下计算出来的，因此最优相位复用技术在相位调制方面具有最高的复用效率；而相位值则取决于对复合信

29

号包络值这样一个目标函数在一系列等式和不等式约束条件下的优化结果。

通过复用信号不同码片的组合来决定查找表的输出值,从而决定采用哪一个载波相位。图 2 - 19 给出了四路信号在正交调制器中调制的示意图。

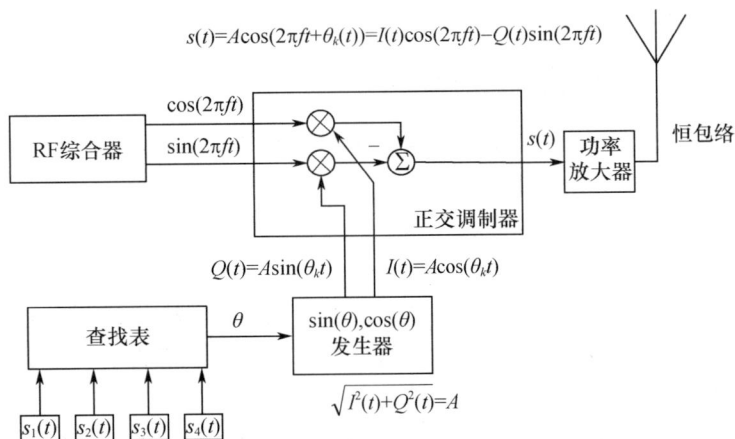

图 2 - 19   四信号正交最优相位正交调制示意图

如果有 N 路二进制伪随机码,查找表将要存储 2^N 个相位值。而具体输出哪一个相位值,则是根据这 N 路信号在同一时刻的 N 个码片的取值组合来决定。由于是采用的伪随机信号,取到这 2^N 个相位值的概率是相等的,均为 $1/2^N$。因此,对于这 N 路信号,第 n 路信号在接收机端表现出的平均相关为

$$\mathrm{corr}_n = \frac{A}{2^N} \sum_{k=0}^{2^N-1} \left[1 - 2b_n(k) \right] \exp(\mathrm{j}\theta_k) \tag{2-36}$$

或者表示为正交信号的形式,即

$$\mathrm{corr}_n = \frac{A}{2^N} \sum_{k=0}^{2^N-1} \left[1 - 2b_n(k) \right] (I + \mathrm{j}Q) \tag{2-37}$$

式中:A 为需要最小化的复用信号包络的幅度;$b_n(k)$ 为第 n 路信号的码片取值,取 0 或 1;$\left[1 - 2b_n(k) \right]$ 为将码片取值转换为 $+1$ 或 -1;θ_k

为第 k 种码片组合情况下信号调制到载波上的相位角;$1/2^N$ 为取到第 k 个相位值的概率。

由于码片取值组合 $+1$ 或 -1 为对称的,因此相位取值也是对称的,即相差 $180°$。所以最优化过程中独立的变量个数为 2^{N-1}。另一方面,因为可以选择其中一个变量任意取值,例如可以取 $\theta_0 = 0$。因此,可以得到最优化过程中最少的独立变量个数为 $2^{N-1} - 1$ 个。

在 $k = 0,1,\cdots,2^N - 1$ 的情况下,在信号的功率和相位约束条件下最小化复用信号包络的幅度为 A。而信号的功率约束条件可以表示为

$$P_{dn} = \left| \mathrm{corr}_n(\boldsymbol{\theta}) \right|^2 = \left| \frac{A}{2^N} \sum_{k=0}^{2^N-1} \left[1 - 2b_n(k) \right] \exp(\mathrm{j}\theta_k) \right|^2$$

$$(2-38)$$

式中:A 为恒包络相位调制载波包络的幅度;θ_k 为第 k 种二进制码片的组合在时间 t_k 时的相位值;corr_n 为复用信号与第 n 路信号的复现信号在相关接收机端的相关值。

信号间的相位约束条件可以表示为

$$\mathrm{Im}\left\{ \mathrm{e}^{-\mathrm{j}\Delta\varphi_{nl}} \mathrm{corr}_n(\boldsymbol{\theta}) \mathrm{corr}_l(\boldsymbol{\theta})^* \right\} = 0 \qquad (2-39)$$

$$\mathrm{Re}\left\{ \mathrm{e}^{-\mathrm{j}\Delta\varphi_{nl}} \mathrm{corr}_n(\boldsymbol{\theta}) \mathrm{corr}_l(\boldsymbol{\theta})^* \right\} > 0 \qquad (2-40)$$

式中:$\boldsymbol{\theta} = (\theta_0,\theta_1,\cdots,\theta_{2^N-1})$ 表示包含所有可能相位组合的相位向量;corr_l 为复用信号与第 l 路信号的复现信号在相关接收机端的相关值;$\Delta\varphi_{nl}$ 为第 n 路信号和第 l 路信号之间的相位差。

最小化过程是受到一系列的信号功率和信号间相位条件约束的。而式($2-40$)的相位不等式约束则是用来消除式($2-39$)的相位等式约束的歧义性的。从式($2-38$)可以看出,corr_n 是相位值 θ_k 的函数。

这样一个优化问题可以通过最优化理论的数值方法来求解。对约束优化问题选择罚函数法来求解,因为罚函数法能够将有约束的优化问题转换为无约束的优化问题,从而采用无约束优化问题的方法来求解。

利用罚函数法,并且根据以上分析,可知需要对以下等式进行优化:

$$F(\boldsymbol{\theta}) = A^2 + \mu_a \sum_{n=1}^{m} \left(\left| \mathrm{corr}_n(\boldsymbol{\theta}) \right| - \mathrm{corr}d_n \right)^2 +$$

$$\mu_b \sum_{n=1}^{N} \sum_{l=n+1}^{N} \mathrm{Im}\left\{ e^{-j\Delta\varphi_{nl}} \mathrm{corr}_n(\boldsymbol{\theta}) \mathrm{corr}_l(\boldsymbol{\theta})^* \right\}^2 \quad (2-41)$$

式中:罚因子 μ_a 和 μ_b 为正数,并且随着罚因子的增大,约束条件会更趋向于期望值;$(\mathrm{corr}d_n)^2$ 为第 n 路信号的期望功率;$\Delta\varphi_{nl}$ 为第 n 路信号和第 l 路信号之间的相位差。

求解式(2-41)中相位角的一种有效方法是采用数值方法中的拟牛顿法。根据相位角的对称性以及可以任取其中一个变量值的情况,可知求解式(2-41)中相位角的独立的变量个数最少为 2^{N-1},其中包括 $2^{N-1}-1$ 个相位角和一个复用信号包络值 A。

在求解过程中的一个主要问题是搜索到的相位值可能是函数的局部极小值,而非全部定义域上的最小值。因此为了获得最小值,需要不断地改变初始相位值进行搜索,而初始相位值应随机地取均匀分布在 360° 上的相位值。然后比较不同的初始相位值得到的搜索结果,找到最优解(最小值)。将最优解代入不等式(2-40)中看是否满足要求,如果满足,则选择其作为最终结果,如果不满足,则抛弃该解,继续搜索,直到找到满足条件的解。

本章研究了 BOC 信号、MBOC 信号、AltBOC 信号、TDDM-BOC 信号和 TD-AltBOC 信号等 BOC 类信号的产生方法、自相关特性和功率谱特性;并讨论了三种新一代卫星导航系统中特有的单载波复用调制方式,为后续研究奠定理论基础。

第 3 章　新一代 GNSS 信号处理技术

由上一章分析可知,新一代 GNSS 信号的多峰相关特性与分裂频谱特性与传统信号有着显著不同,因此传统 GNSS 信号的捕获和跟踪算法并不能完全适用于新型调制信号。

本章将重点阐述新一代 GNSS 调制信号的同步(捕获和跟踪)处理方法。

3.1　传统导航信号同步接收技术

任何 GNSS 接收机都必须完成如图 3 – 1 所示的频率 – 相位 – 伪码三维搜索,但在导航信号的同步机理中,通常不考虑卫星号(伪码序号)的搜索过程,仅针对载波频移和伪码相位(码相位)的二维搜索策

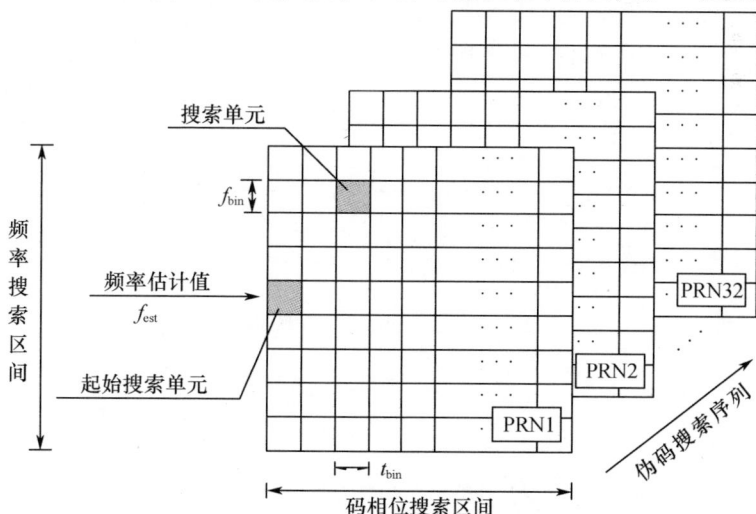

图 3 – 1　频率 – 相位 – 伪码三维搜索示意图

略进行讨论。

在大多数应用场景中,GNSS 接收机接收到的 GNSS 载频通常具有较大的多普勒频移和频移变化率。为了能够成功解调动态 GNSS 信号,接收机捕获环路必须快速估算出接收信号的载波多普勒频移和码相位,并将估算参数迅速交给跟踪环路进行牵引和锁定。因此,GNSS 接收机捕获环路设计必须满足快速和精确这两个基本要求。

本章首先以最为成熟和通用的 BPSK 调制为例进行研究,再将其得出的研究结论推广到新一代 GNSS 信号的其他制式。

3.1.1 捕获

3.1.1.1 串行捕获

GNSS 信号的捕获理论基础是 PN 码自相关特性,捕获过程是对所有的可能信号搜索单元进行搜索估计,确定信号是否出现的过程。串行捕获原理如图 3 - 2 所示。接收机初始化码发生器与载波 NCO(多普勒频移),使产生的本地信号对准接收信号 I、Q 支路的某一搜索单元,相干(| · |)和非相干积分(Σ)后,进行判决,若信号未超过预设的捕获阈值,则码相位步进一单元,继续进行判决监测,重复上述过程,直到信号超过捕获阈值,捕获成功,停止搜索,进入跟踪环;若整个码域搜索完毕信号仍未捕获,则载波 NCO 步进一个单元,重复上述过程。

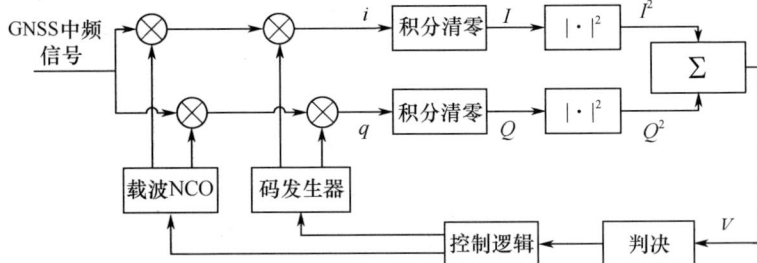

图 3 - 2　串行捕获原理

图中

$$I(n) = aD(n)R(\tau)\mathrm{sinc}(f_e T_{coh})\cos(\phi_e) + n_1 \qquad (3-1)$$

$$Q(n) = aD(n)R(\tau)\mathrm{sinc}(f_e T_{coh})\sin(\phi_e) + n_Q \qquad (3-2)$$

式中:a 为信号幅值;$D(n)$ 是值为 ± 1 的数据比特电平;$R(\tau)$ 代表最大值为 1 的伪码自相关函数,其中 τ 为接收到的伪码与搜索码相位间的差异;f_e 为接收载波与搜索频率之间的差异;T_{coh} 为相干累加时间;ϕ_e 为载波与码相位差异;n_I 和 n_Q 分别为 I 支路或 Q 支路上均值为 0 且互不相关的正态噪声。

在不计噪声的情况下,由式(3-1)和式(3-2)有

$$\sqrt{I^2(n)+Q^2(n)}=aR(\tau)\,|\,\mathrm{sinc}(f_e T_{coh})\,| \qquad (3-3)$$

式(3-3)表明,接收载波和复制载波之间的相位差 ϕ_e 不影响非相干检测。若非相干积分数目为 N_{nc},则检测量为

$$V=\frac{1}{N_{nc}}\sum_{n=1}^{N_{nc}}\sqrt{I^2(n)+Q^2(n)} \qquad (3-4)$$

3.1.1.2 基于 FFT 的并行频率捕获

基于 FFT 的并行频率捕获方案,是在伪码相位顺序搜索的基础上通过 FFT 频谱分析功能,以一定的频率分辨精度对载波多普勒频移搜索一次完成,也称为 FFT 导频方法。其捕获原理如 3-3 所示。

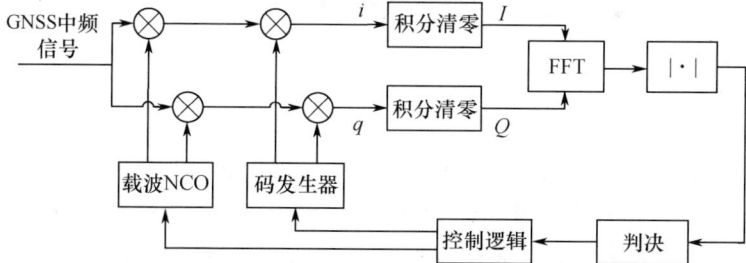

图 3-3 基于 FFT 的并行频率捕获原理

将式(3-1)、式(3-2)的模拟表达式写成复指数形式,有

$$z(t)=I(t)+Q(t)=aD(t)R(t)\mathrm{sinc}[f_e(t)T_{coh}]\cdot e^{j2\pi f_e\cdot t} \quad (3-5)$$

其傅里叶变换为

$$Z(f)=P(f)\times\delta(f-f_e) \qquad (3-6)$$

式中:$P(f)$ 为 GNSS 扩频信号的基带功率谱密度。

从式(3-6)可知,载波多普勒频移的存在不会改变扩频信号基带功率谱的形状,只是改变功率谱的中心位置。另外,BPSK调制的扩频信号具有中心谱峰,因此,对积分清零值进行频谱分析,通过查找谱峰位置即可得到当前载波多普勒频移值。

这种载波快速捕获的过程是:顺序搜索伪码相位,以相邻的若干个相关积分清零值结果作为采样序列进行 FFT 频谱分析;当伪码相位同步时,频域出现峰值,且峰值所在位置即载波多普勒频率,以此调整本地载波 NCO 频率,从而完成载波捕获,如图 3-4 所示。

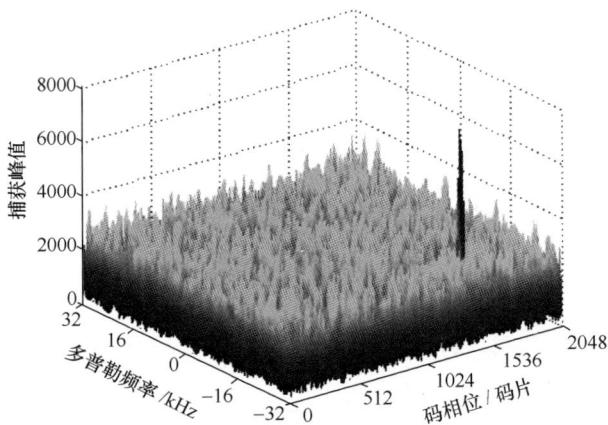

图 3-4 信号载噪比为 43dBc 时捕获二维图

3.1.1.3 基于 FFT 的并行码相位捕获方案

基于 FFT 的并行码相位捕获方案利用傅里叶变换代替数字相关器的相关运算来实现码相位搜索一次完成,而频带搜索仍按"圣诞树"型顺序进行。下面证明 FFT 运算与数字相关的等价性。

对于长为 N 点的两个周期性序列 $x(n)$ 与 $y(n)$,其相关值为

$$z(n) = \frac{1}{N} \sum_{m=0}^{N-1} x(m) y(m-n) \qquad (3-7)$$

对式(3-7)进行离散傅里叶变换,得

$$Z(k) = \sum_{n=0}^{N-1} z(n) \mathrm{e}^{-\mathrm{j}2\pi kn/N}$$

$$= \sum_{n=0}^{N-1} \frac{1}{N} \sum_{m=0}^{N-1} x(m) y(m-n) \mathrm{e}^{-\mathrm{j}2\pi kn/N}$$

$$= \frac{1}{N} \sum_{m=0}^{N-1} x(m) \mathrm{e}^{-\mathrm{j}2\pi km/N} \sum_{n=0}^{N-1} y(m-n) \mathrm{e}^{\mathrm{j}2\pi k(m-n)/N}$$

$$= \frac{1}{N} X(k) \overline{Y(k)} \qquad\qquad (3-8)$$

式中：$X(k)$ 与 $Y(k)$ 分别为 $x(n)$ 与 $y(n)$ 的离散傅里叶变换；$\overline{Y(k)}$ 代表复数 $Y(k)$ 的共轭。

式（3-8）表明，两个序列 $x(n)$ 与 $y(n)$ 在时域内作相关运算，相当于其傅里叶变换 $X(k)$ 与 $Y(k)$ 的共轭在频移内作乘积运算。因此，反过来，乘积 $X(k)\overline{Y(k)}$ 的离散傅里叶反变换即得到需要检测的各个码相位处的相关值 $z(n)$。其捕获原理电路如图 3-5 所示。

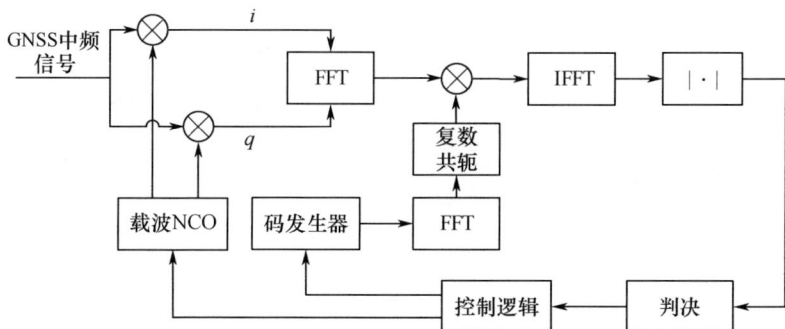

图 3-5 基于 FFT 的并行码相位捕获原理电路

3.1.1.4 综合分析比较

三种捕获方案单次搜索单元如图 3-6 所示。从图中可以看出，串行捕获单次搜索范围较小，捕获时间明显较长。并行频率捕获与并行码相位捕获单次搜索范围较大，相较于串行捕获，时间较短。

假定 GNSS 中频信号载波多普勒频移搜索范围为 ±20kHz，信号采样频率为 2.046MHz，积分清零时间为 1ms。令三种方案的捕获精度相等（频率精度为 500Hz，伪码相位精度为 1/2 码片），分别从捕获速度、算法计算量等方面进行比较，如表 3-1 所列。

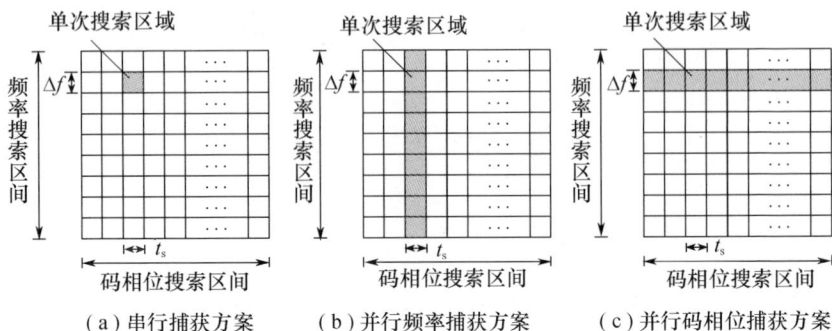

图 3-6　三种通用捕获方案的基本搜索单元示意图

表 3-1　三种通用捕获方案比较

比较项目 搜索方式	每相位步进 频率搜索次数	每频率步进 相位搜索次数	FFT 点数	FFT 运算 次数	搜索时间 长短	计算量 大小
串行	41	2046	—	—	慢	小
并行频率	1	2046	4092	2046	中等	大
并行码相位	41	1	2046	123 *	快	中等
* 此处 123 次 FFT 包含接收信号与本地信号各 41 次 FFT 以及 41 次 IFFT						

综上所述,串行捕获方案虽然算法简单,但捕获时间过长;并行频率捕获方案搜索时间稍短,为 2~4s,但要求对于每个码相位搜索步进行 4092 点 FFT 运算,算法计算量过大。通常与串行捕获方案相结合,组成"粗捕 + 细捕"环路,用于静态或低动态环境快速捕获。并行码相位捕获方案为较常用的快捕方案,其捕获时间大大缩短,理论时间为几十毫秒,但其要求在 1ms 内完成 82 次 2046 点 FFT 运算和 41 次 IFFT运算,硬件实现难度较大。

3.1.2　跟踪

传统 GNSS 接收机跟踪环路方案设计如图 3-7 所示。其信号处理过程简述如下:

数字中频 GNSS 信号 $s_{IF}(n)$ 首先与载波环所复现的载波混频,其中在 I 支路上与正弦载波相乘,在 Q 支路上与余弦载波相乘;然后,在 I 支路和 Q 支路上的混频结果信号 i 和 q 又分别与码环所复现的超前、即时和滞后伪码相乘;接着,相关结果 i_E、i_P、i_L、q_E、q_P 和 q_L 经积分清除器后分别输出相干积分值 I_E、I_P、I_L、Q_E、Q_P 和 Q_L;之后,即时支路上的相干积分值 I_P 和 Q_P 被当作载波环鉴别器的输入,而其他两条相关支路上的相干积分值作为码环鉴别器的输入。

传统跟踪环路中,载波环鉴相函数通常采用二象限反正切函数 $\phi_e = \arctan(Q_P/I_P)$,环路滤波器采用二阶低通滤波器;码环鉴相函数为 $\delta_{cp} = (E-L)/(E+L)/2$,环路滤波器采用一阶低通滤波器。最后,滤波结果用来调节载波数控振荡器和伪码数控振荡器的输出相位和频率等状态,使接收信号的载波和伪码通过跟踪环路被彻底剥离。

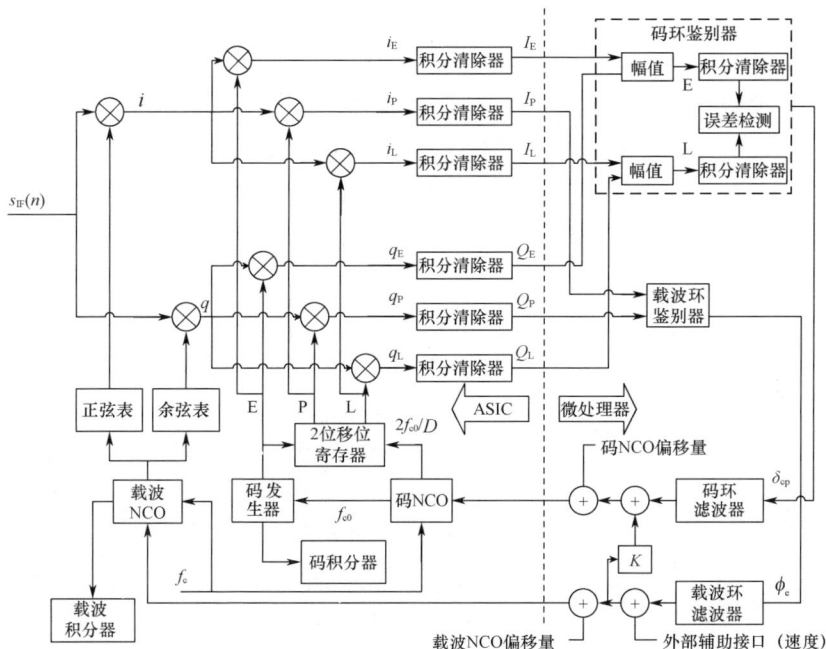

图 3 - 7　跟踪环路原理图

3.1.2.1　载波环

图 3 - 8 为一种典型的 PLL 载波环,它采用了 I/Q 解调法,对由数据跳变引起的载波 180°相移不敏感,属于科斯塔斯(Costas)环。

图 3 - 8 中的积分清除器通过积分低通滤波来消除信号 $i_P(n)$ 与

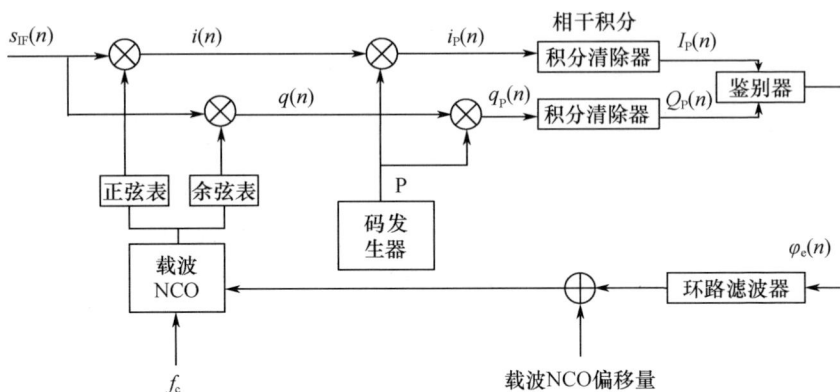

图 3-8　一种典型的载波跟踪环

$q_P(n)$ 中的高频信号成分和噪声,以提高载噪比。常用鉴别器如表 3-2 所列,其中反正切鉴别器应用最为广泛。

表 3-2　常用科斯塔斯环鉴别器

鉴别方法	输出相位误差	特性
$\arctan\left(\dfrac{Q_P}{I_P}\right)$	φ	二象限反正切。在高和低信噪比时最佳(最大似然估计器),斜率与信号幅度无关。运算量最大
$\dfrac{Q_P}{I_P}$	$\tan\varphi$	次最佳,但在高和低信噪比时良好。斜率与信号幅度无关。运算量较大,在 ±90° 时有除零误差
$Q_P \times I_P$	$\sin 2\varphi$	经典的科斯塔斯环模拟鉴别器。在低信噪比时接近最佳。斜率与信号幅度的平方成正比,运算量适中
$Q_P \cdot \mathrm{sgn}(I_P)$	$\sin\varphi$	面向判决的科斯塔斯环。在高信噪比时接近最佳。斜率与信号幅度成正比,运算量最小

3.1.2.2　码环

码环的实现形式通常采用图 3-9 所示的 DLL 环路。为了便于判断复现的伪码与接收信号的相关结果是否真的达到最大,码环通常复制出三份(也可以是两份或更多份)不同相位的伪码,称为超前(E)、即时(P)、滞后(L)码。

表 3-3 所列是常用的 DLL 鉴别器,其中非相干超前减滞后鉴相

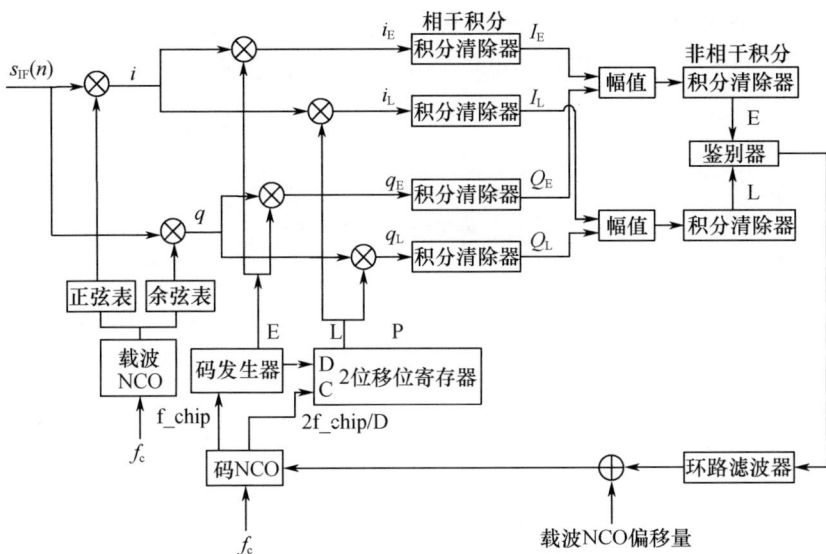

图 3 - 9　一种典型的码跟踪环

器是最常用的一种,本文使用的也是这种鉴相器。

表 3 - 3　常用 DLL 鉴别器

鉴别器算法	特性
$\delta_{cp} = \dfrac{1}{2}(E - L)$ 单位化:$\delta_{cp} = \dfrac{1}{2}\dfrac{E - L}{E + L}$	非相干超前减滞后幅值法,运算量最大。当输入误差小于 ±0.5 码片时会产生真实的跟踪误差
$\delta_{cp} = \dfrac{1}{2}(E^2 - L^2)$ 单位化:$\delta_{cp} = \dfrac{1}{2}\dfrac{E^2 - L^2}{E^2 + L^2}$	非相干超前减滞后功率法,中等运算量。当输入误差小于 ±0.5 码片时会产生与 0.5(E - L)包络本质上相同的误差性能
$\delta_{cp} = \dfrac{1}{2}((I_E - I_L)I_P + (Q_E - Q_L)Q_P)$ 单位化:$\delta_{cp} = \dfrac{1}{4}\left(\dfrac{I_E - I_L}{I_P} + \dfrac{Q_E - Q_L}{Q_P}\right)$	准相干点积功率法,运算量小。当输入误差小于 ±0.5 码片时会产生接近真实的跟踪误差
$\delta_{cp} = \dfrac{1}{2}(I_E - I_L)I_P$ 单位化:$\delta_{cp} = \dfrac{1}{4}\dfrac{I_E - I_L}{I_P}$	相干点积功率法,运算量小。只能在载波环处于相位锁定状态时用,可得到最精确的码测量

BOC 调制信号的自相关函数多峰值结构仅影响码捕获和码相位的跟踪,因此载波环基本仍可以使用图 3 - 8 所示的传统结构,而码环则需要在图 3 - 9 所示结构的基础上加以改进来去除 BOC 信号跟踪的模糊性。

3.2　BOC 类导航信号捕获技术

传统 BPSK 调制的导航信号的同步接收技术是 BOC 类信号的基础,BOC 类信号捕获的核心思想是在传统 BPSK 信号捕获技术的基础上加上去多峰模糊的算法。

主峰变宽类方法一般可以很好地消除模糊性,但是会降低码跟踪精度和抗多径干扰能力。因此不适用于跟踪,但可以很好地用在捕获过程中。

3.2.1　BPSK - like

BPSK - like 算法将 BOC 调制信号看作正负副载波频率处的两个 BPSK 信号,分别进行滤波边带处理,从而去除信号的多相关峰。由于该算法在处理每个边带时,类似于 BPSK 的捕获处理,因此常称为 BPSK - like 算法。BPSK - like 捕获技术主要以两种算法为代表:一个是 Fishman & al. 的单边带处理算法,如图 3 - 10 所示,对于接收信号和本地参考码,都分别使用两个滤波器对上、下边带的主瓣进行滤波,将双方滤波后的信号进行相关运算。该算法共需要 6 个边带滤波器(对于上/下边带,本地、接收 I 路、接收 Q 路各 1 个)。

Fishman & al. 算法只选择主瓣会导致信息的损失,所以其相关函数与 BPSK 调制信号的自相关函数形状又不严格相同。上、下两个边带的处理总共需要 6 个滤波器,复杂度相当高,为了降低处理复杂度,可以选择只处理一个边带的单边带方式,但是为了补偿 SNR 的衰减,通常需要更长的相干积累时间。

另外一个是 Martin & al. 的双边带处理算法,如图 3 - 11 所示,仅使用 1 个滤波器保留接收信号的两个主瓣以及之间的第二旁瓣,然后像剥离载波一样在 I、Q 两路进行副载波剥离,将两个主瓣搬移到频带

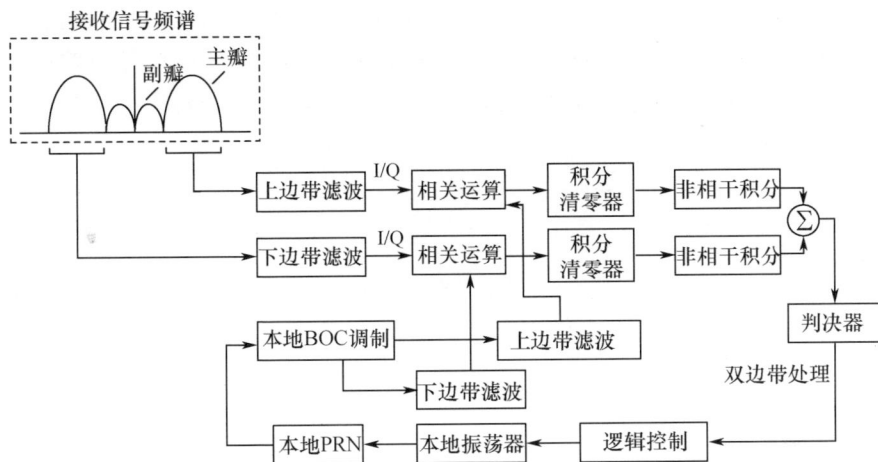

图 3 – 10 单边带 BPSK – like 捕获原理图

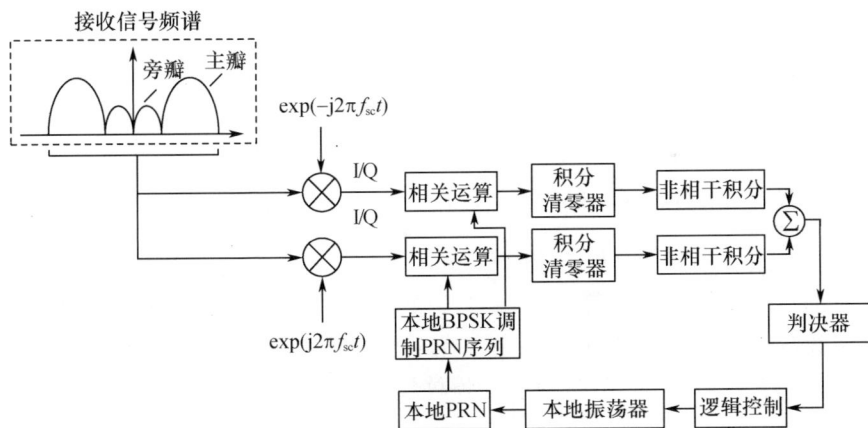

图 3 – 11 双边带 BPSK – like 捕获原理图

中心,再结合到一起,从而得到类似于 BPSK 信号的自相关函数。

BPSK – like 算法对于各种调制参数的 BOC 信号都适用,其性能可以用 BPSK 调制信号的性能代替。图 3 – 11 所示的双边带 BPSK – like 算法结构简单、信号能量损失少,是 BOC 信号无模糊捕获策略的较好选择。

如图 3 - 12 所示,BPSK - like 算法将接收信号与本地信号的相关函数变成了单峰,这有利于消除跟踪模糊,但丧失了 BOC 信号跟踪的优势。BPSK - like 算法可以用于高阶 BOC 调制信号的捕获,但很少用于 BOC 信号的跟踪。

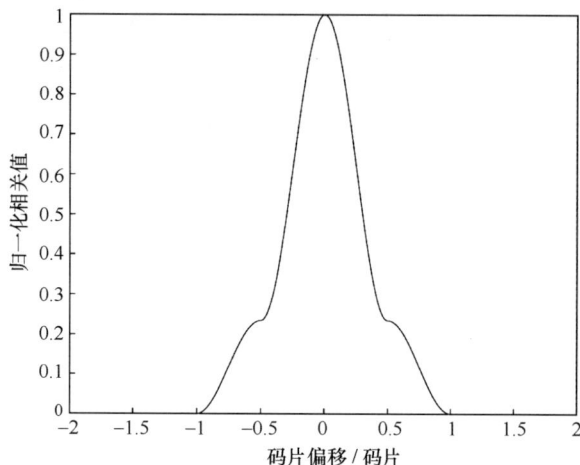

图 3 - 12   BPSK - like 算法下 BOC(1,1)信号相关曲线

3.2.2   SCPC(QBOC)

文献[16,17]中提出 SCPC(Sub Carrier Phase Cancellation)算法,或称 QBOC 算法。该算法通过将接收的 BOC 信号分别与本地的正弦副载波以及具有正交相位的余弦副载波(QBOC)进行相关,再按照式(3 -9)进行线性组合,从而去除模糊性。

$$C = C_{\text{BOC/BOC}} + \beta \cdot C_{\text{BOC/QBOC}} \qquad (3-9)$$

式中:$C_{\text{BOC/BOC}}$ 为接收的 BOC 信号与本地正弦副载波的相关结果;$C_{\text{BOC/QBOC}}$ 为接收的 BOC 信号与本地余弦副载波的相关结果;C 为 SCPC 法相关结果;β 为线性组合系数,取正值。

图 3 - 13 和图 3 - 14 分别为 BOC(k,k)调制信号 SCPC 法的相关器输出和非相干超前减滞后鉴相器输出,图 3 - 13 和图 3 - 14 的(a)中 β 取 1,图(b)中 β 取 0.9。

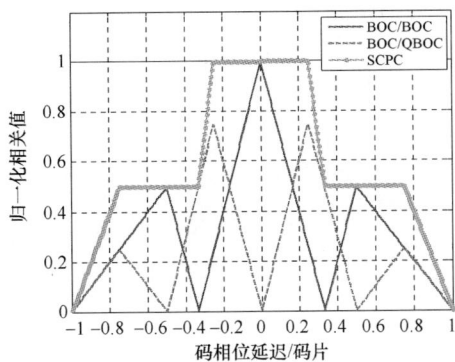

(a)

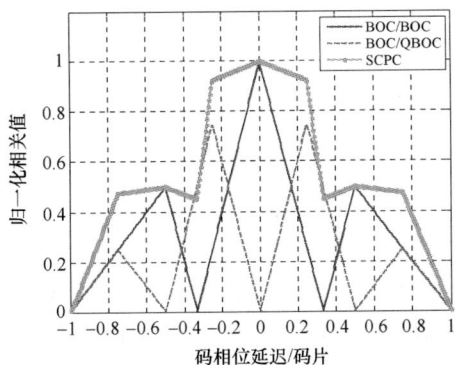

(b)

图 3 - 13　BOC(k,k)调制信号 SCPC 法相关器输出

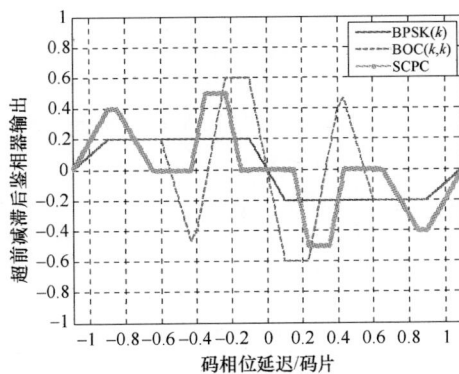

（a）

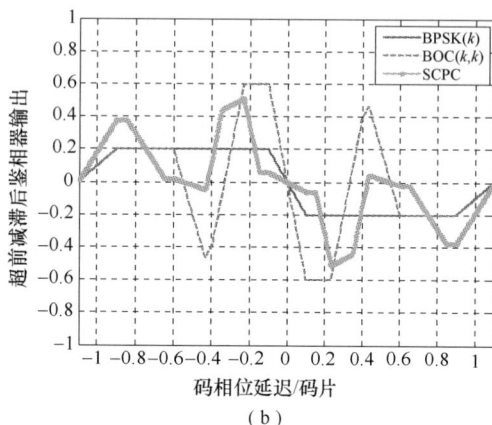

（b）

图 3 - 14　BOC(k,k)调制信号 SCPC 法非相干超前减滞后鉴相器输出

图 3 - 15 和图 3 - 16 分别为 BOC($2k,k$)调制信号 SCPC 法的相关器输出和非相干超前减滞后鉴相器输出,图 3 - 15 和图 3 - 16 的图(a)中 β 取 1,图(b)中 β 取 0.9。

可以看到,经过 SCPC 法后的相关峰变得比 BPSK 信号的还要宽,虽然去除了模糊性,但是性能下降得太多,实际中并不可取。

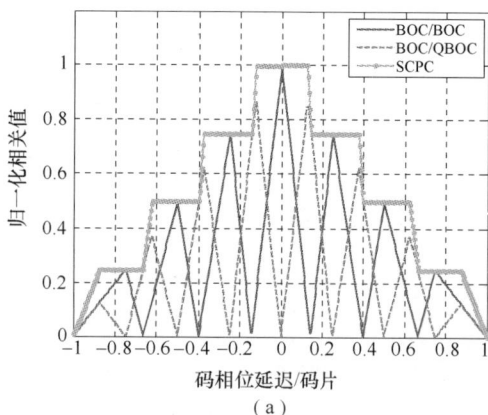

（a）

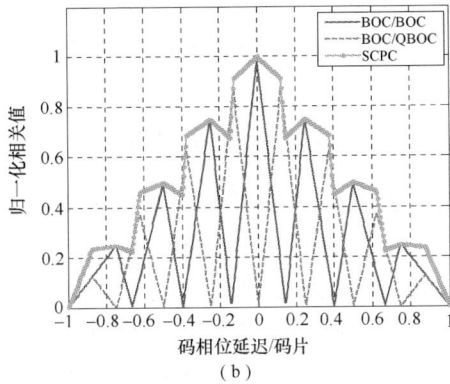

(b)

图 3 - 15 $BOC(2k, k)$ 调制信号 SCPC 法相关器输出

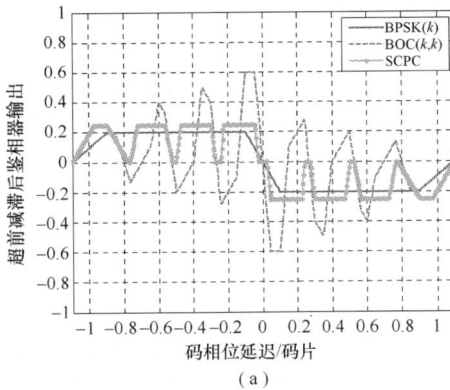

(a)

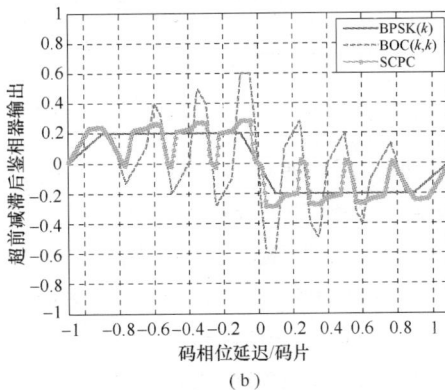

(b)

图 3 - 16 $BOC(2k, k)$ 调制信号 SCPC 法非相干超前减滞后鉴相器输出

3.3 BOC 类导航信号码同步技术

3.3.1 非时分 BOC 类信号码同步技术

主峰不变宽的方法保留了 BOC 信号的高跟踪精度和强抗多径干扰及窄带干扰能力,因此适用于跟踪过程。

3.3.1.1 Bump – Jumping 算法

文献[19]中 Fine & Willson 提出了一种"Bump – Jumping"算法。如图 3 – 17 所示,通过在本地增加远超前(VE)和远滞后(VL)两路本地码,保证了即时(P)本地码与自相关函数的主峰而非副峰对准,进而完成 BOC 调制信号高精度的伪码跟踪。

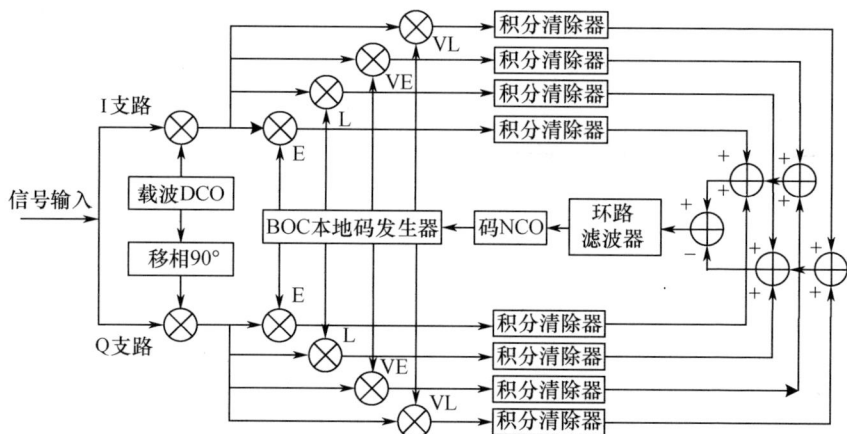

图 3 – 17 VNELP 码跟踪环路原理框图

这种方法比较即时(P)、远超前(VE)、远滞后(VL)三个支路的相关值来判断即时支路是否跟踪到了值最大的主峰上,如果 VE 或 VL 支路的输出值大于 P 支路,说明环路锁在了副峰上,这时就需要对本地码的相位做相应的跳跃式调整,跳到具有最大值的相关峰,重复这种过程直到跳到主峰。而超前(E)和滞后(L)支路构成主鉴别器,与传统的跟踪环一样用于跟踪码相位,锁定主峰。

该方法简单、实用,然而在低信噪比及强多径干扰情况下,相关峰主峰与旁峰的相对幅度关系可能发生变化,且相关峰越多这种情况越严重,从而导致 Bump – Jumping 算法难以正确锁定主峰。因此,对于扩展比 n 较大的 BOC 信号不宜使用 Bump – Jumping 算法。

北斗卫星导航系统 B1 频点采用了 BOC(14,2)调制方式,调制阶数很高,正负一个码片内相关峰个数达到了 27 个,Bump – Jumping 算法无法稳定、可靠地进行跟踪。M. S. Hodgart 和 P. D. Blunt 在文献[34]中提出了双环路接收机,其主要思想是:由于 BOC 信号的自相关是由伪码的自相关结果和子载波的自相关结果相乘得到的,因此对伪码和子载波分别进行跟踪就可以得到伪码相位的粗估计和精估计,然后组合码跟踪环和子载波跟踪环的相位测量值就可以得到较为精确的码相位跟踪结果,其具体流程如图 3 – 18 所示。

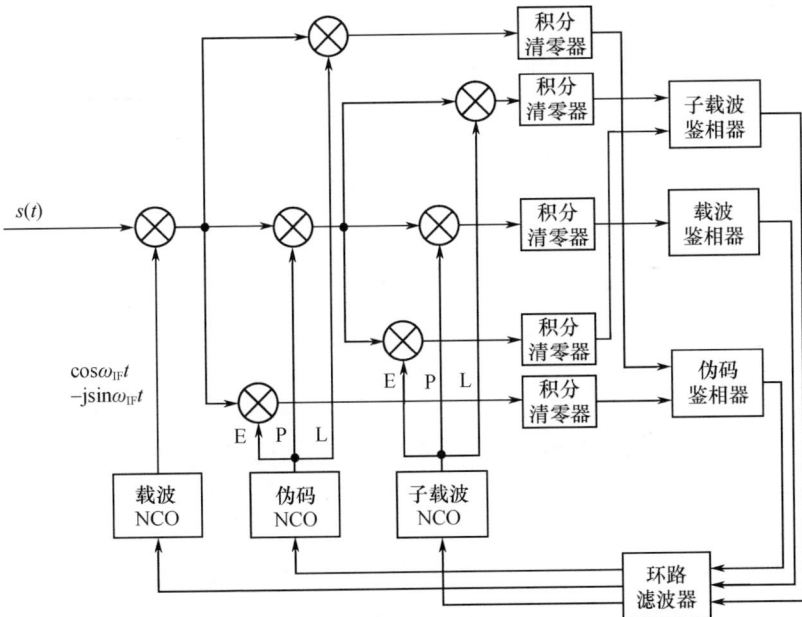

图 3 – 18 双环路跟踪算法原理框图

3.3.1.2 ASPeCT 算法

Julien 在文献[20]中提出了 ASPeCT(Autocorrelation Side – Peak Cancellation Technique,自相关边峰对消技术)算法,将接收信号与本地

BOC 信号(伪码和副载波信号)和本地单一的伪码信号分别相关,并将相关结果相减得到无模糊的相关峰。

基于 ASPeCT 的同步方法只适合于 BOC(n,n)信号的捕获。这种方法的具体流程为:首先将输入的中频信号与本地的同相和正交支路的载波相乘进行载波剥离,然后将每条支路信号分成两组,分别与调制了子载波的扩频码和未调制子载波扩频码进行相关运算,最后将运算结果取平方,再将四路信号的处理结果按照一定的方式进行组合处理,其原理框图如图 3 - 19 所示。

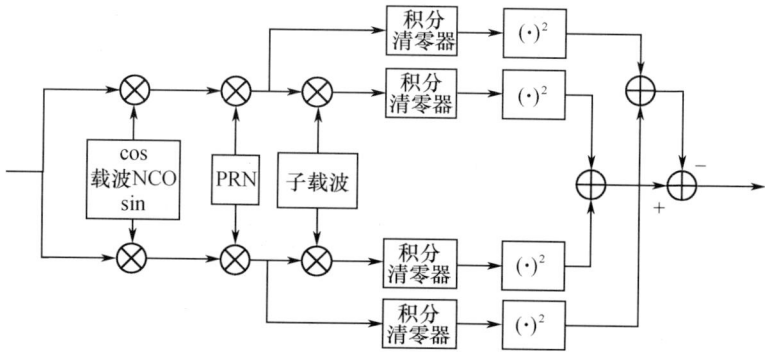

图 3 - 19 ASPeCT 算法原理框图

从流程图中可以看出,ASPeCT 其实是 BOC 信号的直接捕获方法和 BPSK 信号捕获方法的结合,分别将两种方法的相关结果 $R_{BOC}(\tau)$ 和 $R_{BPSK}(\tau)$ 按照式(3 - 10)的方式进行组合,利用两者的差值来消除 BOC(n,n)自相关函数的旁瓣,并可以选取合适的修正系数 β 进行调节,即有

$$R_{ASPeCT}(\tau) = R_{BOC}^2(\tau) - \beta R_{BPSK}^2(\tau) \tag{3 - 10}$$

图 3 - 20 所示为 BOC(k,k)调制信号的 ASPeCT 法相关器输出,可以看到旁峰被完全减掉了,出现的负峰并不会带来模糊性。图 3 - 21 所示为 BOC(k,k)调制信号 ASPeCT 法非相干超前减滞后鉴相器输出,误锁定点消失了,且鉴相增益略微提升,噪声性能提高了。

图 3 - 22 所示为 BPSK 信号、BOC(k,k)信号及其经过 ASPeCT 法处理后的相关器输出,其中超前滞后相关器间距为 0.1 码片。ASPeCT 算法使得多径误差包络幅度减小了,且受多径信号影响的最大延迟最

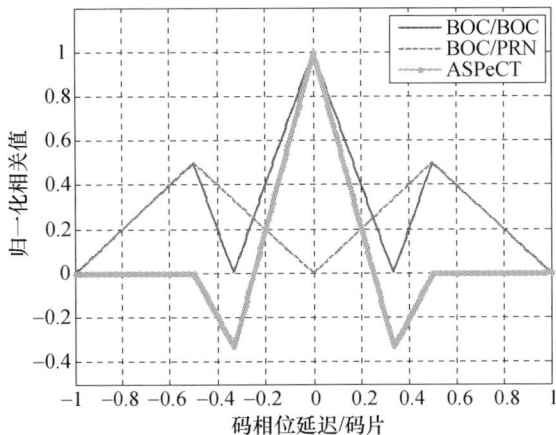

图 3 - 20   相关器输出

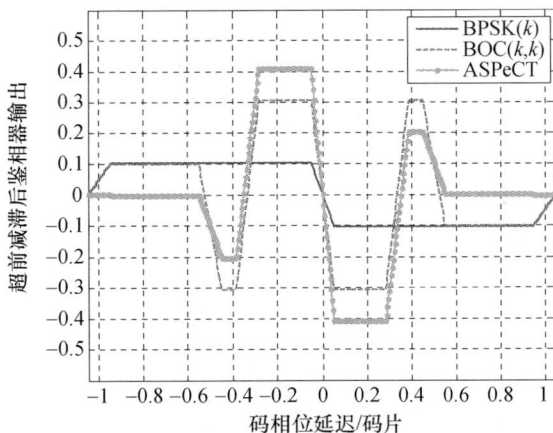

图 3 - 21   非相干超前减滞后鉴相器输出

小,抗多径性能得到提升。

ASPeCT 算法不但去除了 BOC(k, k)信号的模糊性,且对跟踪精度和抗多径性能有了进一步的提升。然而,该算法仅对副载波调制指数为 2 的 BOC(k, k)信号有效。

3.3.1.3   Side - Peak Cancellation 算法

Sanghun Kim, Youngpo Lee 和 Seokho Yoon 等提出一种名为 SPCS

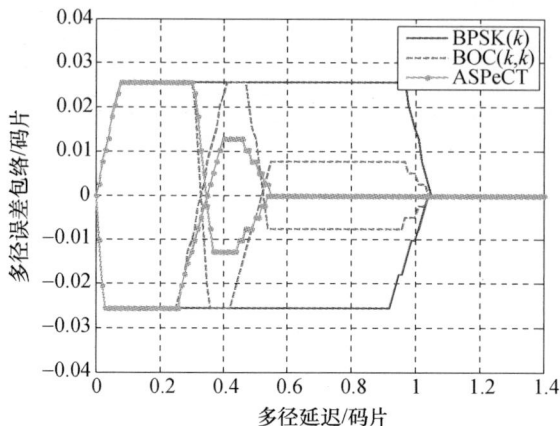

图 3 - 22 BOC(k,k)调制信号 ASPeCT 法多径误差包络对比

(Side - Peak Cancellation Scheme)的通用去模糊算法。对于扩展比为 n 的 BOC 信号,该算法构建出 n 个基本信号 $S_1, S_2, \cdots, S_n$,它们是 n 个长度为 $T_c/2$(T_c 为副载波周期)的单位脉冲序列,如图 3 - 23 所示。将接收信号分别与这 n 个基本信号相关,得到相关结果 $R_1, R_2, \cdots, R_n$,则无模糊相关函数运算方法:

$$\left|R_1\right| + \left|R_n\right| - \left|R_1 + R_n\right| \qquad (3-11)$$

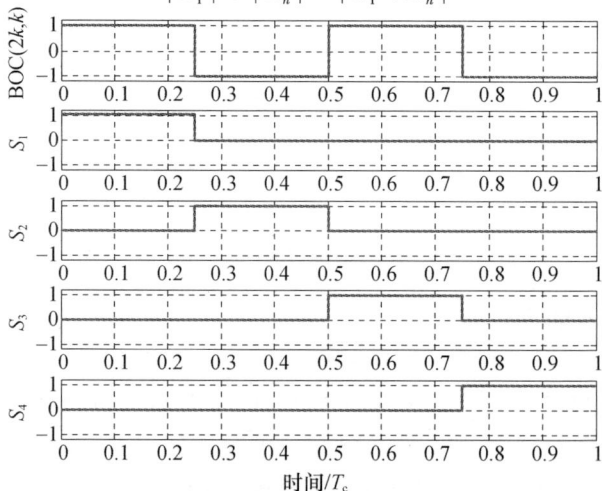

图 3 - 23 BOC($2k,k$)的基本信号

图 3 - 24 以 BOC$(2k,k)$信号为例,按照式$(3-11)$得到了无模糊的相关器输出。

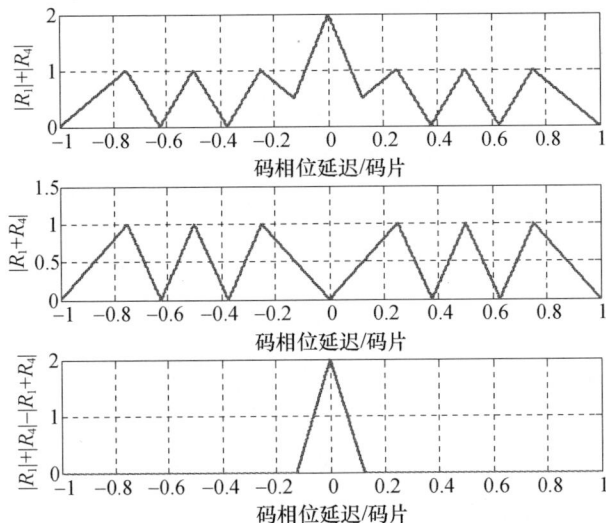

图 3 - 24　BOC$(2k,k)$的 SPCS 法相关器输出

图 3 - 25 和图 3 - 26 所示分别为 BPSK(k)信号、BOC$(2k,k)$信号、SPCS 算法相关器输出信号自相关函数以及非相干超前减滞后鉴相

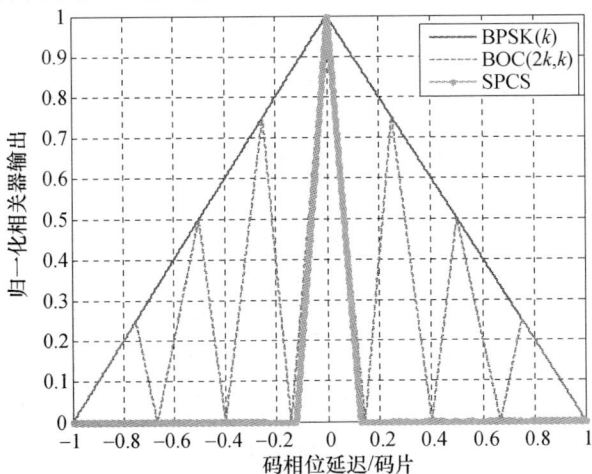

图 3 - 25　相关器输出对比

53

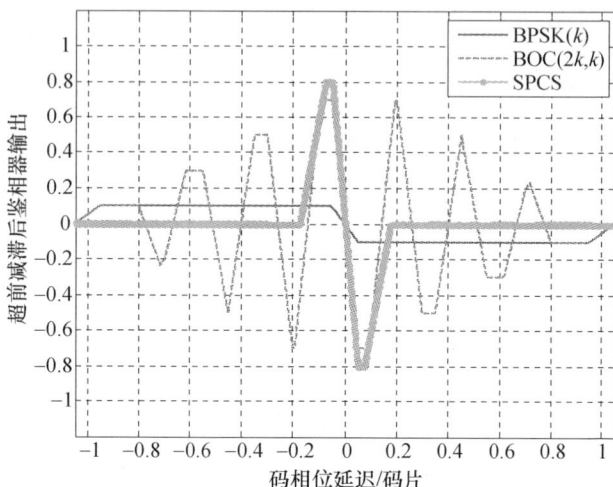

图 3 - 26 非相干超前减滞后鉴相器输出对比

器输出的对比,SPCS 算法的鉴相增益稍有提升。

图 3 - 27 所示为 BPSK(k)信号、BOC($2k,k$) 信号以及 SPCS 算法相关器输出的多径误差包络对比,其中超前滞后相关器的间距为 0.1 码片。SPCS 算法得到的多径误差包络最小,且受多径信号影响的最大延迟特别小,抗多径性能得到极大的提升。

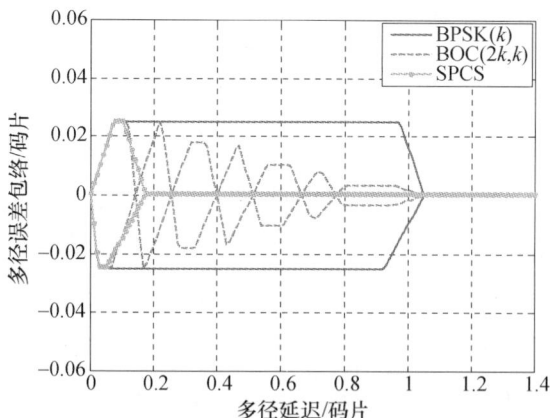

图 3 - 27 BOC($2k,k$) 的 SPCS 法多径误差包络对比

SPCS 算法可以很好地去除 BOC 信号的模糊性,显著提升抗多径性能,且对任意扩展比的信号均有效。然而随着扩展比 n 的增大,需要的相关器个数也急剧增多,复杂度上升较快。

3.3.1.4 扩展 ASPeCT 算法

在低信噪比及强多径干扰情况下,相关峰主峰与旁峰的相对幅度关系可能发生变化,且相关峰越多这种情况越严重,从而导致 Bump – Jumping 算法难以正确锁定主峰。因此,对于 $\mathrm{BOC}(2k,k)$ 类信号不直接使用 Bump – Jumping 算法,ASPeCT 算法又仅对 $\mathrm{BOC}(k,k)$ 类信号有效。然而对于 $\mathrm{BOC}(2k,k)$ 信号,若采用类似于 ASPeCT 的方法将接收信号与本地的 BOC 信号(副载波与伪码)和 PRN 信号(单独的伪码)分别相关,再将结果进行数学运算,则可以减少相关峰的数量。式(3 – 12)为接收 BOC 信号与本地 BOC 信号的相关函数:

$$
\begin{aligned}
R_{\mathrm{B/B}}(\tau) = & \left[\mathrm{tri}\left(\frac{\tau}{1/8}\right) + \frac{1}{8}\mathrm{tri}\left(\frac{\tau-1/8}{1/8}\right) + \frac{1}{8}\mathrm{tri}\left(\frac{\tau+1/8}{1/8}\right) \right] - \\
& \left[\frac{6}{8}\mathrm{tri}\left(\frac{\tau+2/8}{1/8}\right) + \frac{6}{8}\mathrm{tri}\left(\frac{\tau-2/8}{1/8}\right) + \frac{1}{8}\mathrm{tri}\left(\frac{\tau+3/8}{1/8}\right) + \right. \\
& \left. \frac{1}{8}\mathrm{tri}\left(\frac{\tau-3/8}{1/8}\right) \right] + \left[\frac{4}{8}\mathrm{tri}\left(\frac{\tau+4/8}{1/8}\right) + \frac{4}{8}\mathrm{tri}\left(\frac{\tau-4/8}{1/8}\right) + \right. \\
& \left. \frac{1}{8}\mathrm{tri}\left(\frac{\tau+5/8}{1/8}\right) + \frac{1}{8}\mathrm{tri}\left(\frac{\tau-5/8}{1/8}\right) \right] - \\
& \left[\frac{2}{8}\mathrm{tri}\left(\frac{\tau+6/8}{1/8}\right) + \frac{2}{8}\mathrm{tri}\left(\frac{\tau-6/8}{1/8}\right) + \right. \\
& \left. \frac{1}{8}\mathrm{tri}\left(\frac{\tau+7/8}{1/8}\right) + \frac{1}{8}\mathrm{tri}\left(\frac{\tau-7/8}{1/8}\right) \right]
\end{aligned}
\tag{3 – 12}
$$

式中:τ 为码相位偏移变量;$\mathrm{tri}(x/y)$ 是底宽为 $2y$,中心位于 $x=0$ 的单位幅度三角波。

式(3 – 13)为接收 BOC 信号与本地 PRN 信号的相关函数:

$$
R_{\mathrm{B/P}}(\tau) = \frac{1}{4}\mathrm{tri}\left(\frac{\tau+1/4}{1/4}\right) + \frac{1}{4}\mathrm{tri}\left(\frac{\tau+3/4}{1/4}\right) -
$$

$$\frac{1}{4}\mathrm{tri}\left(\frac{\tau-1/4}{1/4}\right)-\frac{1}{4}\mathrm{tri}\left(\frac{\tau-3/4}{1/4}\right) \quad (3-13)$$

接收信号与本地信号的相关结果经过 I/Q 非相干积分后,所有的相关峰均变为正峰,等效于对 $R_{B/B}$ 及 $R_{B/P}$ 取绝对值。将这两个非相干积分后的相关结果进行式(3-14)所示的运算即可得到提出算法的相关曲线:

$$R(\tau)=\left|R_{B/B}(\tau)\right|-\beta\cdot\left|R_{B/P}(\tau)\right| \quad (3-14)$$

式中:β 为权重,且 $\beta>3$。图 3-28 中 $\beta=6$,可以看到相关峰从 7 个减少至 3 个。

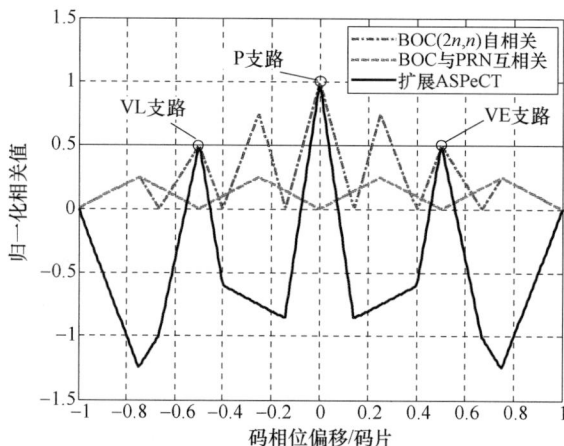

图 3-28 扩展 ASPeCT 算法归一化相关结果

图 3-29 分析了上述算法得到的相关函数进行非相干超前减滞后鉴相的过程,超前与滞后支路相关器间隔为 1/5 码片。可以看到负峰不会造成误锁定,两个正峰处出现误锁定点,误锁定点数量由图 3-24 中的 6 个减少至 2 个,因此仅需判断 3 个正峰中哪个是主峰即可,且由图 3-28 可以看出相邻正峰幅度差由图 3-25 中的 0.25 提升至 0.5,增大了 1 倍。此时再使用 Bump-Jumping 算法,可降低误锁率。

当相邻峰的幅度差与噪声幅度相当时,码环开始出现误锁现象,如式(3-15)所示:

$$\frac{\Delta A_1}{N_1}=\frac{\Delta A_2}{N_2}=1 \quad (3-15)$$

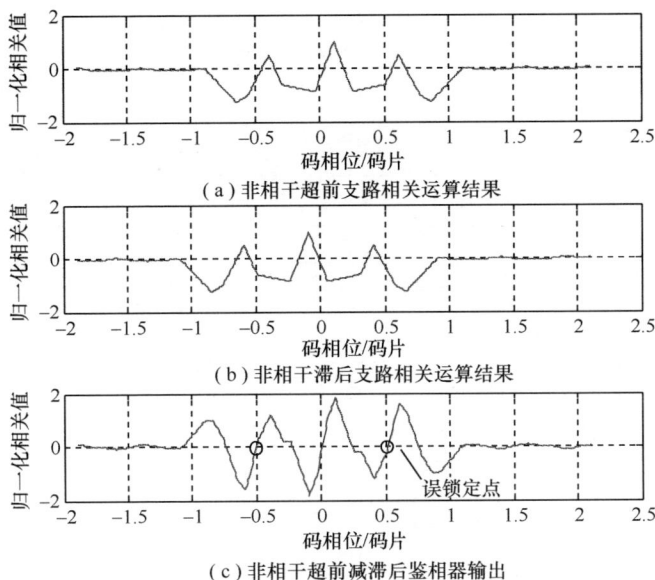

（a）非相干超前支路相关运算结果

（b）非相干滞后支路相关运算结果

（c）非相干超前减滞后鉴相器输出

图 3-29　扩展 ASPeCT 算法非相干超前减滞后鉴相器输出

式中：ΔA_1、ΔA_2 为算法处理前后相邻峰的幅度差；N_1、N_2 为算法处理前后码环出现误锁的最低噪声幅度。

由 $\Delta A_2 = 2\Delta A_1$ 可以得到 $N_2 = 2N_1$，即信号功率不变，信噪比提高 $20\lg(2) \approx 6\text{dB}$。可知经过图 3-30 所示的处理后再使用 Bump-Jumping 算法可使接收机灵敏度提升 6dB。

根据以上分析，我们综合了 ASPeCT 和 Bump-Jumping 算法，得到了适用于 Sine-BOC$(2n,n)$ 信号的改进算法，具体接收机环路结构如图 3-30 所示。

图 3-30 中超前（E）、滞后（L）支路的 I/Q 路相关结果进入非相干超前减滞后鉴相器，输出结果如下：

$$S_{\text{NELP}}(\tau) = \left(\sqrt{I_{\text{E\_B/B}}^2 + Q_{\text{E\_B/B}}^2} - \beta \sqrt{I_{\text{E\_B/P}}^2 + Q_{\text{E\_B/P}}^2} \right) -$$
$$\left(\sqrt{I_{\text{L\_B/B}}^2 + Q_{\text{L\_B/B}}^2} - \beta \sqrt{I_{\text{L\_B/P}}^2 + Q_{\text{L\_B/P}}^2} \right) \quad (3-16)$$

远超前（VE）和远滞后（VL）支路相关器分别与即时（P）支路相关器相距 0.5 码片，按照式（3-17）~式（3-19）分别计算 VE、VL 和 P

57

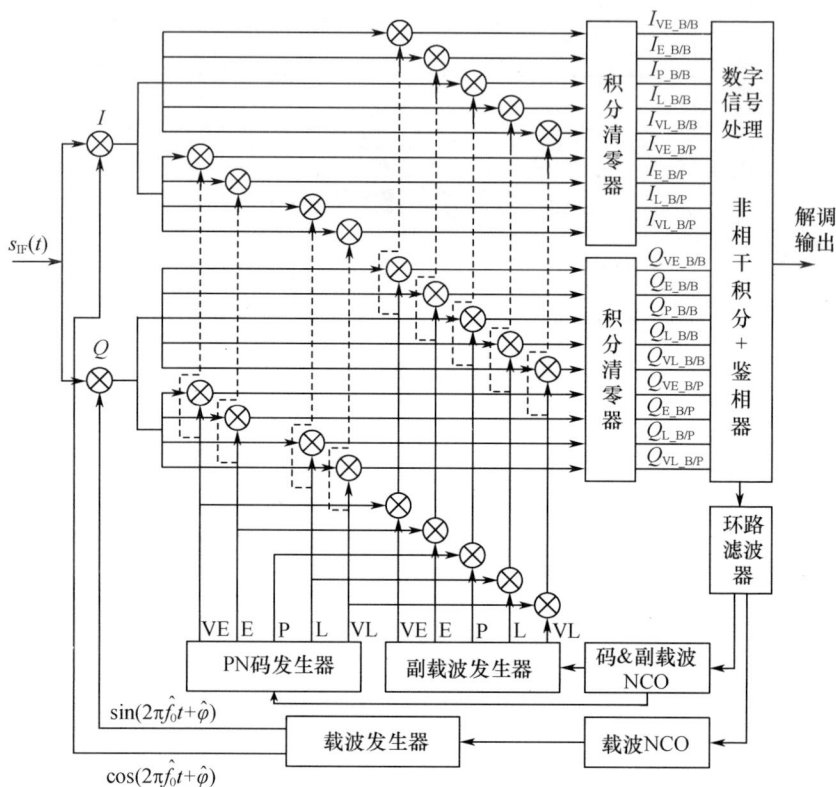

图 3 – 30 接收机环路结构

支路非相干相关值,结果用以判断 P 支路是否对准相关函数主峰。

$$P_{VE} = \sqrt{I_{VE\_B/B}^2 + Q_{VE\_B/B}^2} - \beta \sqrt{I_{VE\_B/P}^2 + Q_{VE\_B/P}^2} \qquad (3-17)$$

$$P_{VL} = \sqrt{I_{VL\_B/B}^2 + Q_{VL\_B/B}^2} - \beta \sqrt{I_{VL\_B/P}^2 + Q_{VL\_B/P}^2} \qquad (3-18)$$

$$P_P = \sqrt{I_{P\_B/B}^2 + Q_{P\_B/B}^2} - \beta \sqrt{I_{P\_B/P}^2 + Q_{P\_B/P}^2} \qquad (3-19)$$

若 P_P 最大,则说明即时支路跟踪到了主峰;若 P_{VE} 或 P_{VL} 最大,则将即时支路的码相位滑动,使得即时支路跳到主峰。为了降低干扰影响,以确定某支路相关值最大,可采用 N 中取 m 的方法,即进行 N 次非相干积分后,若 VE、VL、P 三支路中某一路的相关值为最大的次数大于等于 m,则认为该路跟踪到主峰。

图 3 – 31 对比了 BPSK、$BOC(2k,k)$ 和扩展 ASPeCT 法处理后的多径误差包络,其中超前滞后鉴相器间距为 0.1 码片。扩展 ASPeCT 法的多径性能略优于 $BOC(2k,k)$ 信号。

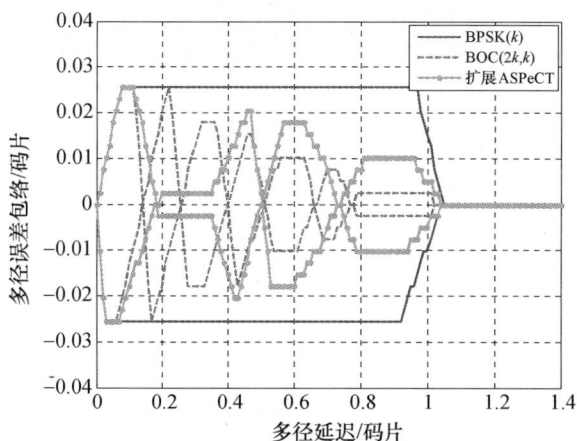

图 3 – 31 扩展 ASPeCT 法多径误差包络对比

扩展 ASPeCT 法成功去除了 $BOC(2k,k)$ 信号的模糊性,且提升了鉴相增益和抗多径性能,然而仅适用于 $BOC(2k,k)$ 信号。

3.3.2 时分 BOC 类信号码同步技术

TDDM – BOC 信号和 TD – AltBOC 信号不能简单地直接使用上述同步方法,需要进行一些改进。

对于 TDDM – BOC 信号,主要问题是伪码奇数码片调制了信息而偶数码片未调制信息。如果采用传统的同步方法,当调制的信息为"1"时,可以得到信号的相关峰;当调制信息为" – 1"时,相干累加时奇偶码片能量相互抵消,不能得到信号相关峰。可以采取两种方法:

(1)仅利用偶数码片进行同步处理;

(2)本地利用 TDDM 调制方式产生两路分别调制了 1 和 –1 的伪码序列,利用这两个伪码序列分别与接收信号进行相关,选取相关峰值大的支路输出进行捕获和跟踪。

上述两种方法各有利弊:方法(1)会带来 3dB 的能量损失,但是不必考虑导航比特,方便延长相干累计时间,有利于提高接收机的捕获/跟踪灵敏度,接收结构简单;方法(2)需要额外增加一个支路,但是可以减小能量损失,低信噪比条件下的同步性能更好。

对于 TD – AltBOC 信号,也可以采用和 TDDM – BOC 信号类似的两种方案:

(1)仅处理单路信号,舍弃不存在本信号的时隙;

(2)本地产生单边带数据、导频通道的伪码,并按照时隙分配对两路伪码进行时分复用,将时分复用后的伪码与接收信号进行相关运算。

同样,第一种方案会造成能量损失而第二种方案需要估计调制在伪码上的信息,增加了接收端复杂度。

3.3.3　GALILEO E1/E5 频点信号同步技术

正如前文所述,GALILEO 系统 E1 信号采用 CBOC(6,1,1/11)调制方式;E5 信号采用的是恒包络 AltBOC(15,10)调制方式,信号结构较为复杂。通常,为了接收机设计的简便,可以采用 QPSK 解调的方式对 E5 上、下两个边带的信号分别进行捕获跟踪处理,但是这种方法得到的相关函数为三角峰,不能发挥 AltBOC(15,10)信号的优势。为了找到合适的 E5 信号处理方法,对 E5 信号作如下分析:

重新给出 E5 信号的数学模型:

$$
\begin{aligned}
s_{E5}(t) = & \frac{1}{2\sqrt{2}}(e_{E5a-I}(t) + je_{E5a-Q}(t))\left[sc_{E5-S}(t) - jsc_{E5-S}(t - T_{S,E5}/4)\right] + \\
& \frac{1}{2\sqrt{2}}(e_{E5b-I}(t) + je_{E5b-Q}(t))\left[sc_{E5-S}(t) + jsc_{E5-S}(t - T_{S,E5}/4)\right] + \\
& \frac{1}{2\sqrt{2}}(\bar{e}_{E5a-I}(t) + j\bar{e}_{E5a-Q}(t))\left[sc_{E5-P}(t) - jsc_{E5-P}(t - T_{S,E5}/4)\right] + \\
& \frac{1}{2\sqrt{2}}(\bar{e}_{E5b-I}(t) + j\bar{e}_{E5b-Q}(t))\left[sc_{E5-P}(t) + jsc_{E5-P}(t - T_{S,E5}/4)\right]
\end{aligned}
$$

$$(3-20)$$

首先考察子载波 $sc_{E5-S}(t)$ 和 $sc_{E5-P}(t)$ 的功率谱特性,如图 3 – 32

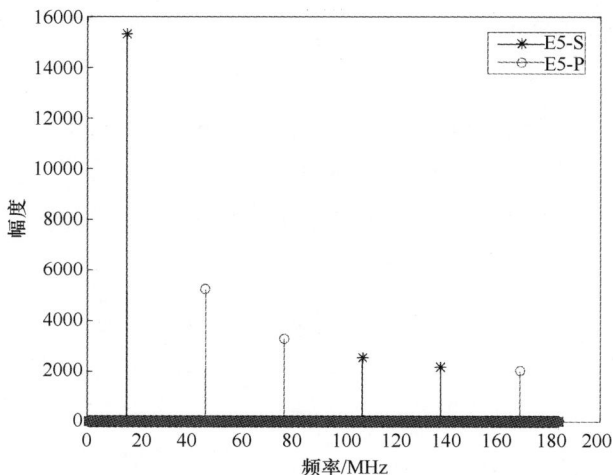

图 3 – 32　GALILEO E5 信号子载波频谱

所示。从图中可以看到,两个子载波都可以近似看作多个正弦量的组合。假设接收机前端带宽为 $55\,\mathrm{MHz}$,则子载波 $\mathrm{sc}_{\mathrm{E5-P}}(t)$ 将被滤除,$\mathrm{sc}_{\mathrm{E5-S}}(t)$ 变为正弦量,接收到的 E5 信号将可以近似表示为

$$s_{\mathrm{rE5}}(t) = \frac{1}{2\sqrt{2}}(e_{\mathrm{E5a-I}}(t) + je_{\mathrm{E5a-Q}}(t))[\cos\omega_{\mathrm{s}}t - j\sin(\omega_{\mathrm{s}}t)] +$$

$$\frac{1}{2\sqrt{2}}(e_{\mathrm{E5b-I}}(t) + je_{\mathrm{E5b-Q}}(t))[\cos\omega_{\mathrm{s}}t + j\sin(\omega_{\mathrm{s}}t)]$$

$$(3 – 21)$$

接下来考察 E5 单路信号的特性。E5a 频点导频信号的中频接收信号模型为

$$\begin{aligned}s_{\mathrm{E5a-Q}} &= \mathrm{Re}\{j \cdot e_{\mathrm{E5a-Q}}(t) \cdot [\cos\omega_{\mathrm{s}}t - j \cdot \sin\omega_{\mathrm{s}}t] \cdot \\ &\quad [\cos(\omega_{\mathrm{IF}}t) + j \cdot \sin(\omega_{\mathrm{IF}}t)]\} \\ &= e_{\mathrm{E5a-Q}}(t)[\sin\omega_{\mathrm{s}}t\cos(\omega_{\mathrm{IF}}t) - \cos\omega_{\mathrm{s}}t\sin(\omega_{\mathrm{IF}}t)]\end{aligned}$$

$$(3 – 22)$$

假设本地载波和信号载波存在相位差 θ,那么剥离载波后有

$$I = s_{\mathrm{E5a-Q}}\cos(\omega_{\mathrm{IF}}t + \theta) \approx e_{\mathrm{E5a-Q}}(t) \cdot [s_{\mathrm{s}}(t)\cos\theta + s_{\mathrm{c}}(t)\sin\theta]$$

$$(3 – 23)$$

61

$$Q = s_{E5a-Q} \sin(\omega_{IF} t + \theta) \approx e_{E5a-Q}(t) \cdot [s_s(t)\sin\theta - s_c(t)\cos\theta]$$

$$(3-24)$$

$$\begin{aligned} I - j \cdot Q &= e_{E5a-Q}(t) \cdot [s_s(t)\cos\theta + s_c(t)\sin\theta - \\ &\quad j \cdot s_s(t)\sin\theta + j \cdot s_c(t)\cos\theta] \\ &= e_{E5a-Q}(t) \cdot [j \cdot e^{-j\omega t}\cos\theta + e^{-j\omega t}\sin\theta] \\ &= j \cdot e^{-j(\omega t + \theta)} e_{E5a-Q}(t) \end{aligned}$$

$$(3-25)$$

本地伪码使用原始复信号的共轭,伪码偏移 τ 对应的子载波相位为 φ,剥离伪码后有

$$\begin{aligned} &(I - j \cdot Q) \cdot c_{E5a-Q}(t+\tau) \cdot e^{j(\omega t + \varphi)} \\ &= e_{E5a-Q}(t) \cdot c_{E5a-Q}(t+\tau) \cdot j \cdot e^{-j(\omega t + \theta)} \cdot e^{j(\omega t + \varphi)} \\ &= e_{E5a-Q}(t) \cdot c_{E5a-Q}(t+\tau) \cdot j \cdot e^{j(\varphi - \theta)} \end{aligned}$$

$$(3-26)$$

其相关结果可以表示为

$$R_{E5a-Q} = j \cdot \text{triangl}(\tau) \cdot e^{j(\varphi - \theta)} \qquad (3-27)$$

式中: $\text{triangl}(\tau) = \int e_{E5a-Q}(t) \cdot c_{E5a-Q}(t+\tau) \mathrm{d}t$。

同理,可以得到 E5b 频点导频信号与其子载波共轭的相关结果:

$$R_{E5b-Q} = -j \cdot \text{triangl}(\tau) \cdot e^{-j(\varphi + \theta)} \qquad (3-28)$$

假定两者调制的比特符号相同,那么上述两个自相关结果相减可以表示为

$$R_{E5a-Q} - R_{E5b-Q} = \text{triangl}(\tau) \cdot \cos\varphi \cdot (\sin\theta + j\cos\theta) \qquad (3-29)$$

利用式(3-29)并结合 Bump-Jumping 算法就可以完成信号的跟踪。

但是,GALILEO 系统的 E5 频点的两个导频通道调制了不同的 NH 码,在 NH 码没有跟踪上的前提下无法应用上述结论,因此跟踪初期只能采用 QPSK 的同步方法来分别处理 E5 信号的上、下两个边带。

3.4　高动态环境下的载波同步技术

新一代 GNSS 信号的载波同步技术在很大程度上可以借鉴传统方

法,本节针对现有载波同步机制的局限性,开展高动态场景下的 GNSS 信号的载波同步机制研究,并给出改进算法的定性和定量分析结果。

3.4.1 传统载波同步方法及其局限

3.4.1.1 相位锁定环

传统的相位锁定环(Phase - Locked Loop,PLL)方差 σ_{PLL} 跟踪门限的保守经验估计公式如下:

$$\sigma_{PLL} = \sqrt{\sigma_{tPLL}^2 + \sigma_v^2 + \sigma_{ALLEN}^2} + \theta_e/3 \leqslant 15° \qquad (3-30)$$

式中: σ_{tPLL}^2 为热噪声抖动方差,受环路带宽影响,与阶数无关; σ_v^2 为机械颤抖引起接收机基准振荡频率相位抖动方差; σ_{ALLEN}^2 为艾伦型晶体振荡频率漂移引入的相位抖动均方差; θ_e 为动态应力误差。

式(3-30)中的参数估算公式或近似取值如下:

$$\begin{cases} \sigma_{tPLL} = \dfrac{180°}{\pi} \sqrt{\dfrac{B_L}{C/N_0}\left(1 + \dfrac{1}{2T_{coh} \cdot C/N_0}\right)} \\[3mm] \sigma_v \approx 2° \\[2mm] 2PLL: \sigma_{ALLEN} = 144 f_{L1} \dfrac{1}{B_L} \sigma_{ALLEN}(\tau) \\[3mm] 3PLL: \sigma_{ALLEN} = 160 f_{L1} \dfrac{1}{B_L} \sigma_{ALLEN}(\tau) \\[3mm] \theta_e = \dfrac{1}{w_n^N} \dfrac{d^N R}{dt^N} \end{cases} \qquad (3-31)$$

式中:前四个式子描述噪声抖动,后一个式子描述动态应力。 B_L 为环路噪声带宽; C/N_0 为信号载噪比; T_{coh} 为积分清零时间; f_{L1} = 1575.42MHz 为 GNSS 信号频点; $\sigma_{ALLEN}(\tau)$ 为晶体振荡器的艾伦均方差; ω_n 环路特征频率; N 为锁相环阶数, $d^N R/dt^N$ 为卫星与接收机间距离对时间的 N 阶导数。

对于式(3-31)中第3、4两式, $\sigma_{ALLEN}(\tau)$ 有如下公式:

$$\sigma_{ALLEN}^2(\tau) = \frac{h_0}{2\tau} + 2\ln(2) h_{-1} + \frac{2\pi^2}{3}\tau h_{-2} \qquad (3-32)$$

式中: τ 为艾伦方差测量值的短期稳定性采样时间, $\tau = 1/B_L$;对于不同振荡器，h_0、h_{-1}、h_{-2}取值不同，表 3 - 4 列出了晶体振荡器（XO）、温度补偿振荡器（TCXO）、恒温控制振荡器（OCXO）和铷振荡器（Rubidium）的四种常用振荡器艾伦参考值。

表 3 - 4　各种振荡器对应参数值

参数 振荡器	h_0	h_{-1}	h_{-2}
XO	2×10^{-19}	7×10^{-21}	2×10^{-20}
TCXO	1×10^{-21}	1×10^{-20}	2×10^{-20}
OCXO	2.5×10^{-26}	2.5×10^{-23}	2.5×10^{-22}
Rubidium	1×10^{-23}	1×10^{-22}	1×10^{-26}

对于 GNSS 卫星时钟振荡器，通常采用能长时间稳定性工作的 Rubidium（或 Caesium）振荡器，而对于接收机，一般采用价格较低的 TCXO 或 OCXO。由式（3 - 31）中第 3、4 两式，以及式（3 - 32），可得出各种振荡器艾伦方差引起的 1σ PLL 相位误差与噪声带宽 B_L 之间的关系，如图 3 - 33 所示。

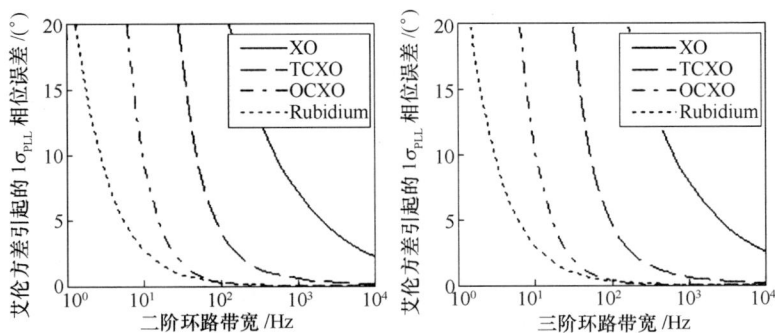

图 3 - 33　振荡器艾伦方差引起的 1σ PLL 相位误差与噪声带宽的关系

由图 3 - 33 可知，随着噪声带宽的减小，由振荡器艾伦方差引起的 PLL 相位误差逐渐变大，尤其以晶体振荡器变化最快。当噪声带宽压窄到一定程度，艾伦相位偏差逐步占据相位偏差的主导地位，并引起跟踪环路的不稳定。另外，三阶环路相较于二阶环路，更容易受到振荡器艾伦偏差的影响。

对于式（3 - 31）中第 5 式，参照表 3 - 5，可以得到一阶环路、二阶

环路和三阶环路的动态应力误差估算公式,分别为

$$\theta_{e1} = \frac{\mathrm{d}R/\mathrm{d}t}{w_n} = 0.25 \cdot \frac{\mathrm{d}R/\mathrm{d}t}{B_L} \quad (\text{一阶环}) \qquad (3-33)$$

$$\theta_{e2} = \frac{\mathrm{d}^2R/\mathrm{d}t^2}{w_n^2} = 0.2809 \cdot \frac{\mathrm{d}^2R/\mathrm{d}t^2}{B_L^2} \quad (\text{二阶环}) \qquad (3-34)$$

$$\theta_{e3} = \frac{\mathrm{d}^3R/\mathrm{d}t^3}{w_n^3} = 0.4828 \cdot \frac{\mathrm{d}^3R/\mathrm{d}t^3}{B_L^3} \quad (\text{三阶环}) \qquad (3-35)$$

表 3 – 5 各阶环路滤波器的参数设置

环路阶数	环路滤波器参数
一阶	$B_L = 0.25w_n$
二阶	$a_2 = 1.414, B_L = 0.53w_n$
三阶	$a_3 = 1.1, b_3 = 2.4, B_L = 0.7845w_n$

由式(3-33)~式(3-35)可知,一阶 PLL 环对速度敏感,二阶 PLL 环对加速度敏感,三阶环对加加速度敏感。即一阶环路仅能跟踪一定范围内的载波多普勒频移,而二阶环可以跟踪载波多普勒频移的一阶变化(对应加速度),三阶 PLL 环可以跟踪载波多普勒频移的二阶变化(对应加加速度)。

下面结合式(3-30)~式(3-35)综合考虑环路噪声带宽、信号载噪比、振荡器频率漂移、接收机机械振动以及动态应力等方面因素对二阶 PLL 环和三阶 PLL 环的综合影响。这里 T_{coh} 取 1ms,振荡器采用 TCXO 型, $h_0 = 1 \times 10^{-21}, h_{-1} = 1 \times 10^{-20}, h_{-2} = 2 \times 10^{-20}$,接收机机械振动引起的相位偏差 $\sigma_v \approx 2°$。图 3-35 和图 3-36 分别为在不同载噪比环境下二阶 PLL 环对于加速度、三阶 PLL 环对于加加速度的跟踪情况。

从图 3-34 和图 3-35 可以看出,对 PLL 环(二阶、三阶),为了使环路对动态应力的敏感度减至最小,噪声带宽的选择应该在维持稳定的条件下尽量宽。当噪声带宽一定时,信号越弱,动态应力作用下的跟踪能力也越弱。另外,一阶和二阶 PLL 环是无条件稳定的,而三阶 PLL 环则是条件稳定的。通过大量的蒙特卡洛(Monte Carlo)模拟得出,三阶 PLL 环的噪声带宽必须满足 $B_L \leqslant 18Hz$。

当信号较弱时(30dBc),对于二阶 PLL 环,能正常跟踪的最大视距加速度约为 $1g$,且噪声带宽只能取在 20~35Hz 的范围内;对于三阶

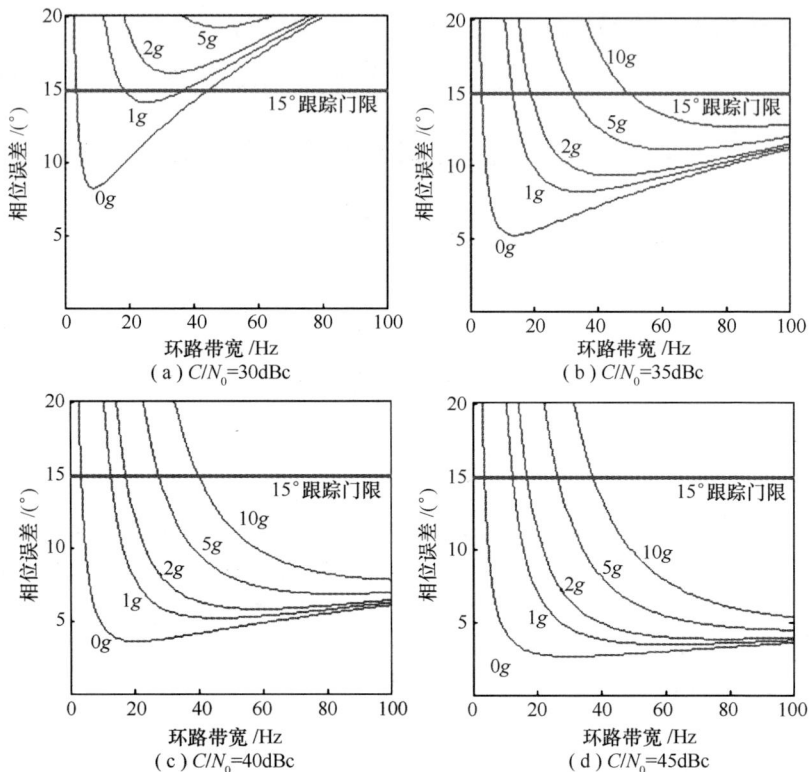

图 3 – 34　加速度动态应力作用下二阶 PLL 环相位误差曲线

PLL 环,能正常跟踪的最大视距加加速度约为 $10g/s$,且噪声带宽只能取 18Hz。当信号载噪比大于 35dBc 时,二阶环要实现对加速度为 $10g$ 的动态应力正常跟踪,噪声带宽应增大至 50Hz 左右,给环路引入大量噪声,对跟踪精度影响较大;并且无法应对带有加加速度的动态应力。而三阶环在 $B_L \leqslant 18Hz$ 的条件下最大只能实现对 $25g/s$ 加加速度的正常跟踪。

3.4.1.2　频率锁定环

　　与 PLL 环路类似,频率锁定环(FLL)的频率测量误差源仍包括频率抖动和动态应力误差两部分,其中频率抖动主要是由热噪声所致,而由机械颤动和艾伦方差引起的频率抖动量可被忽略。主要计算公式

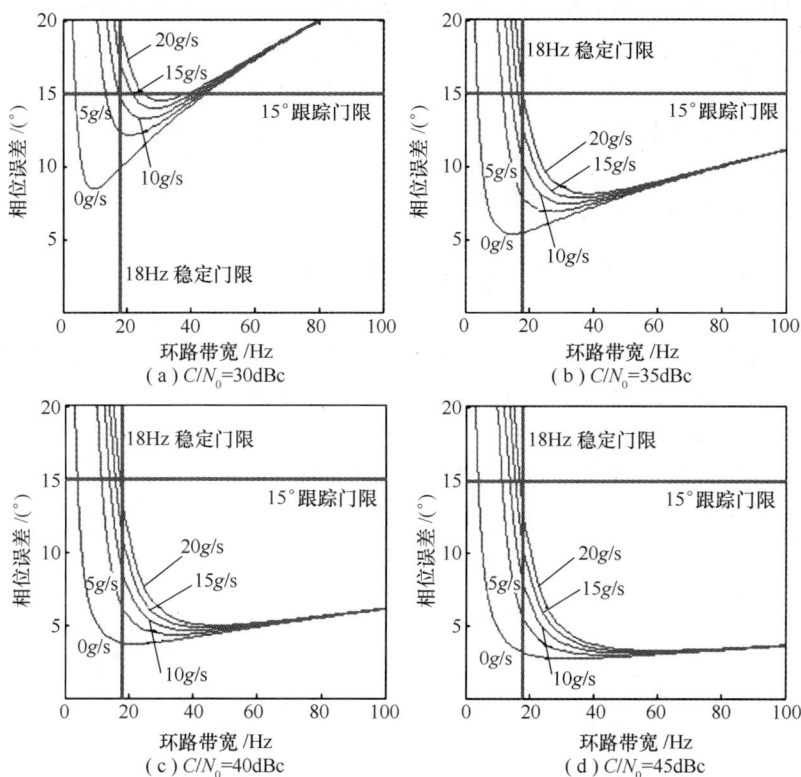

图 3 – 35　加加速度动态应力作用下三阶 PLL 环相位误差曲线

如下：

$$
\begin{cases}
3\sigma_{\mathrm{FLL}} = 3\sigma_{\mathrm{tFLL}} + f_e \leqslant \dfrac{1}{4} f_{\mathrm{pull}} \\[2mm]
\sigma_{\mathrm{tFLL}} = \dfrac{1}{2\pi T_{\mathrm{coh}}} \sqrt{\dfrac{4FB_{\mathrm{L}}}{C/N_0}\left(1 + \dfrac{1}{T_{\mathrm{coh}} \cdot C/N_0}\right)} \\[2mm]
f_e = \dfrac{\mathrm{d}}{\mathrm{d}t}\left(\dfrac{1}{w_{\mathrm{n}}^N}\dfrac{\mathrm{d}^N R}{\mathrm{d}t^N}\right) = \dfrac{1}{w_{\mathrm{n}}^N}\dfrac{\mathrm{d}^{N+1}R}{\mathrm{d}t^{N+1}}
\end{cases}
\tag{3-36}
$$

式中：σ_{tFLL} 为热噪声频率抖动均方差；f_e 为动态应力作用下稳态频率跟踪误差；f_{pull} 为鉴频环的鉴频牵引范围；B_{L} 为环路噪声带宽；C/N_0 为信

号载噪比;T_{coh}为积分清零时间;w_n为环路特征频率;对于 F,载噪比较高时,F 取 1,载噪比较低时,F 可取 2。

由式(3-36)第三式可知,不同阶数的 FLL 环路,其动态误差应力误差估算公式如下:

$$一阶环:f_{e1} = \frac{dR/dt}{w_n} = 0.25 \cdot \frac{dR/dt}{B_L} \quad (3-37)$$

$$二阶环:f_{e2} = \frac{d^2R/dt^2}{w_n^2} = 0.2809 \cdot \frac{d^2R/dt^2}{B_L^2} \quad (3-38)$$

由式(3-37)和式(3-38)可知,一阶 FLL 环对加速度敏感,无法持续跟踪加加速度;二阶 FLL 环对加加速度敏感。结合式(3-36)和表 3-5 可以估算出一阶 FLL 环、二阶 FLL 环路在不同载噪比、不同噪声带宽情况下所能跟踪动态情况,如图 3-36 所示。

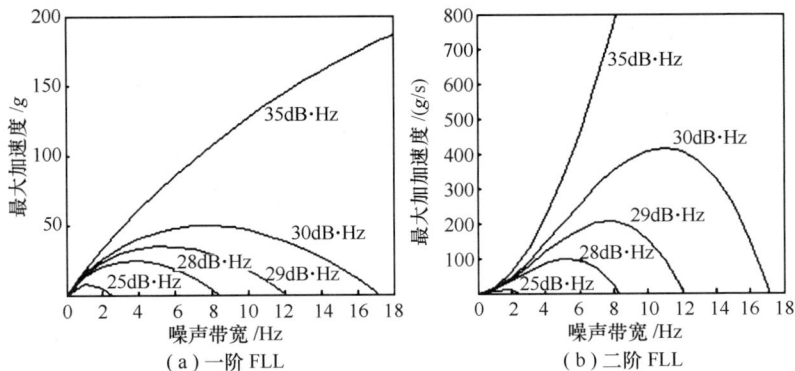

图 3-36 不同阶数 FLL 的带宽与所抗最大加加速度关系

从图 3-36(a)中可以看出,在信号载噪比为 35dBc 时,一阶 FLL 环最大能跟踪的加速度为 $180g$,但无法持续跟踪加加速度,在具有加加速度的高动态环境无法使用,故此处对一阶 FLL 环路不作详细分析。从图 3-36(b)中可以看出,在信号载噪比较高(大于 35dBc)环境下,二阶 FLL 的加加速度承受能力随着噪声带宽的增大而增强。在 8Hz 时,便可承受高达 800g/s 的加加速度。在信号载噪比较低(小于 30dBc)时,随着噪声带宽的增大,环路能承受的加加速度先增大后减小。这是由于信号较弱时,随着噪声带宽的增大,热噪声引起的频率振荡对环路的影响也变得越来越大,从而造成环路综合动态性能先增大后减小的变化趋势。当信号弱至 25dBc 时,无论如何改变环路带宽,FLL 所能承受的加加速度都无法超过 30g/s。

3.4.1.3 四相鉴频

四相鉴频器 FQFD(Four – Quadrant Frequency Discriminator)相关鉴频公式推导如下:

设高动态环境下,GNSS 接收机即时码支路相关解扩后的积分清零值为

$$I_P(k) \approx AD(k)R[\varepsilon(k)]\text{sinc}(\pi f_d T)\cos(2\pi f_d(k-1/2)T + \varphi_k) + n_I$$

$$(3-39)$$

$$Q_P(k) \approx AD(k)R[\varepsilon(k)]\text{sinc}(\pi f_d T)\sin(2\pi f_d(k-1/2)T + \varphi_k) + n_Q$$

$$(3-40)$$

式中:$D(k)$ 为导航电文数据码;$\varepsilon(k)$ 为码片相位差;f_d 为残留多普勒频差;φ_k 为载波初始相差;$R[\varepsilon(k)]\text{sinc}(\pi f_d T)$ 为频差 f_d 时伪随机码解扩相关值。

考虑到在载波同步工作时,伪随机码捕获已经完成,码相位误差已经在一个码片的范围内,故伪随机码解扩相关峰值 $R[\varepsilon(k)]$ · $\text{sinc}(f_d \pi T) > 0$。

若保持幅值 $A > 0$,令 $\phi_k = 2\pi f_d(k-1/2)T + \varphi_k$,则 $I_P(k)$ 与 $\cos(\phi_k)$,$Q_P(k)$ 与 $\sin(\phi_k)$ 符号相同。

由式(3-39)和式(3-40)可知

$$|I_P(k)| - |Q_P(k)| = AR[\varepsilon(k)] \cdot |\text{sinc}(\pi f_d T)| \cdot$$
$$\{|\cos(\phi_k)| - |\sin(\phi_k)|\}D(k) \quad (3-41)$$

$$\Delta I_P = I_P(k) - I_P(k-1) = -AD(k)R[\varepsilon(k)]\text{sinc}(\pi f_d T) \cdot$$
$$\sin(2\pi f_d(k-1)T + \phi_k)\sin(\pi f_d T) \quad (3-42)$$

$$\Delta Q_P = Q_P(k) - Q_P(k-1) = AD(k)R[\varepsilon(k)]\text{sinc}(\pi f_d T) \cdot$$
$$\cos(2\pi f_d(k-1)T + \phi_k)\sin(\pi f_d T) \quad (3-43)$$

由式(3-41)可知 $|I_P(k)| - |Q_P(k)|$ 的符号与 $|\cos(\phi_k)| -$

$|\sin(\phi_k)|$ 相同。由式（3-42）和式（3-43）可知，要想提取因子 $\sin(\pi f_d T)$ 中的频差信息，就必须保证其前面系数的符号始终为正。通过将载波相位（频率）误差在一个周期 2π 范围内划分为四个区间，即可得到式（3-42）和式（3-43）中因子 $\sin(\pi f_d T)$ 前面系数始终为正的判别式。用 β 表示如下：

$$\begin{cases} \beta = \mathrm{sgn}[I_P(k)] \cdot \Delta Q_P(k), & |I_P(k)| \geqslant |Q_P(k)| \text{时} \\ \beta = -\mathrm{sgn}[Q_P(k)] \cdot \Delta I_P(k), & |I_P(k)| < |Q_P(k)| \text{时} \end{cases} \tag{3-44}$$

式中：β 为频率校正量；$\mathrm{sgn}[\cdot]$ 为取符号运算，$\mathrm{sgn}[I_P(k)]$ 和 $-\mathrm{sgn} \cdot [Q_P(k)]$ 的目的是去除式（3-42）和式（3-43）右端鉴频项 $\mathrm{sinc}(\pi f_d T)$ 之前符号的影响，保证四相鉴频器频差极性的正确。由于式（3-39）和式（3-40）中载波相位与式（3-42）和式（3-43）中载波相位差为 $\pi f_d T$，所以在 $|\pi f_d T| \leqslant \pi/4$ 时，算法的频差识别正确。这也是通常认为四相鉴频器的鉴频范围 $|f_d| \leqslant 1/(4T)$ 的原因。尽管在 $1/(4T) < |f_d| < 1/(2T)$ 区间内，$\mathrm{sinc}(\pi f_d T)$ 系数符号可能错误，但在理想积分均值情况下，$\mathrm{sinc}(\pi f_d T)$ 的系数仍为正。故理论上四相鉴频环路的无噪声工作范围可达到 $|f_d| < 1/(2T)$。

3.4.1.4　性能分析及仿真

通常，PLL 环路鉴相算法采用二象限反正切函数；FLL 鉴频算法采用叉积鉴频函数，因此该环路又叫叉积自动频率控制环（Cross Product Automatic Frequency Control，CPAFC）。本书中所有 PLL、FLL 环路均采用上述鉴相、鉴频算法，后续章节不再特别说明。

通过前三节的分析可以知道，PLL 虽然能对信号紧密跟踪，输出载波相位相当精确，但其对动态应力的容忍性较差。通常，二阶 PLL 只能跟踪带有加速度的信号，而三阶 PLL 也只能最大实现对 $20g/s$ 加加速度的动态信号跟踪。而对于加加速度高达 $100g/s$ 的高动态信号，无法正常跟踪。对于二阶 CPAFC，采用较宽的噪声带宽，动态性能较好，能更鲁棒地容忍高动态应力，但线性鉴频范围较小，对信号的跟踪欠紧密，且环路噪声较高，载波相位跟踪精度较差。FQFD 鉴频方法鉴频范围较大，频率牵引速度较快，但鉴频函数为非线性鉴频，频率锁定时误差较大，并同时具有跟踪不紧密、噪声大等缺点。

美国喷气推进实验室(Jet Propulsion Laboratory, JPL)对高动态 GNSS 接收机载体仿真模型有如下定义:载体高动态运动含有正、负两种加加速度脉冲,脉冲持续 0.5s,幅度为 $100g/s$,两个脉冲之间持续 2s 恒加速度,加速度的初值设定为 $-25g$。该模型基本能涵盖所有高动态载体,如战机、导弹等的运动上界。这里,设载体初速度为 0,分析过程为 8s。通过换算,反映到 GNSS 载体上的多普勒频移(对应速度)、多普频移一阶导数(对应加速度)、多普勒频移二阶导数(对应加加速度)如图 3 - 37 所示。

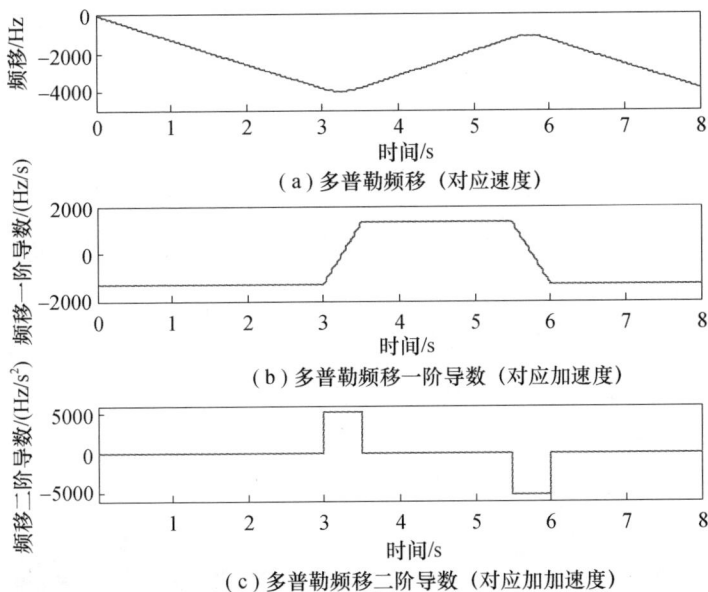

(a) 多普勒频移(对应速度)

(b) 多普勒频移一阶导数(对应加速度)

(c) 多普勒频移二阶导数(对应加加速度)

图 3 - 37 JPL 高动态模型中接收机载体接收到的多普勒频移情况

高动态 GNSS 信号采用 JPL 高动态模型,仿真卫星号为 GPS 03,信号中频为 0.42MHz,码频为 1.023MHz,信号采样频率为 2.046MHz,积分清零时间为 1ms,信号信噪比为 -20dB,仿真时间为 8000ms。假定捕获环路精确捕获到载波频率和码相,排除捕获环节的影响,分别仿真三阶 PLL、二阶 CPAFC、FQFD 三种方案对捕获到的高动态 GPS 信号持续跟踪的情况,如图 3 - 38 ~ 图 3 - 40 所示。

从图 3 - 38 可以看出,三阶 PLL 环路频率跟踪标准差高达

71

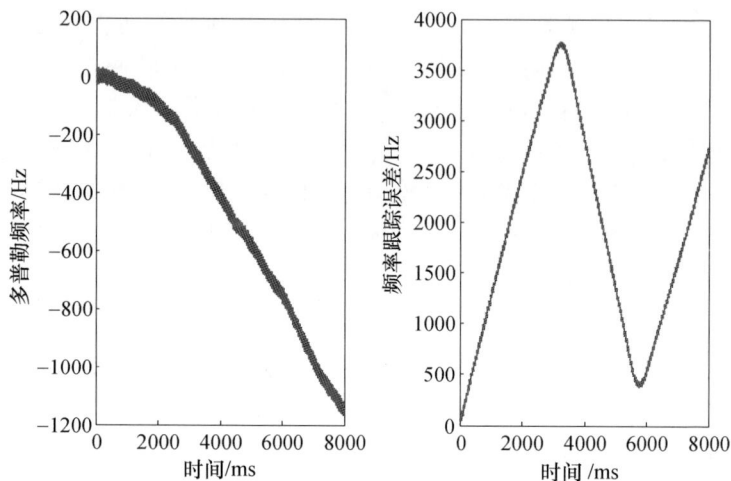

图 3 - 38　三阶 PLL 环路对 JPL 高动态载体
模型中多普勒频率跟踪情况

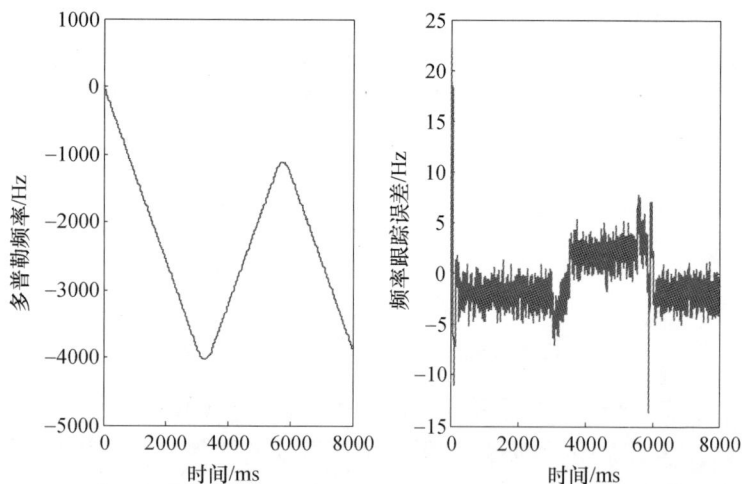

图 3 - 39　二阶 CPAFC 环路对 JPL 高动态载体模型中多普勒频率跟踪情况

2136. 640Hz，且在 3. 218s 时频率跟踪误差达到最大，为 3771Hz，如此
大的频率跟踪误差显然无法完成对加加速度动态高达 100g/s 的 JPL
模型的载波跟踪。从图 3 - 39 和图 3 - 40 可以看出，二阶 CPAFC 环路

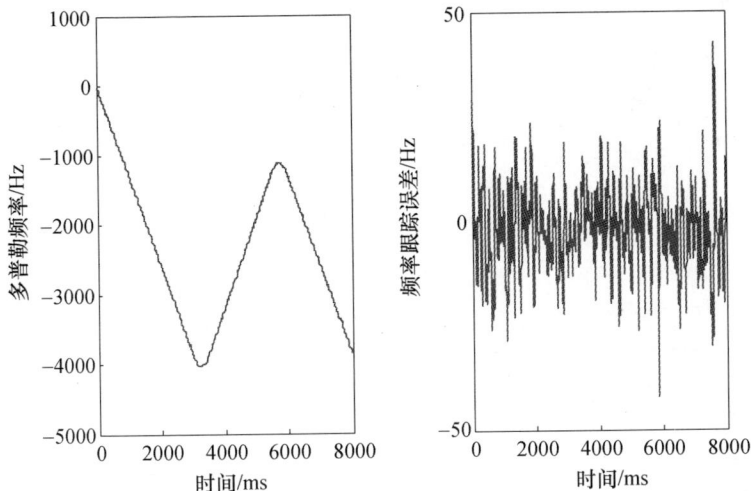

图 3-40 FQFD 环路对 JPL 高动态载体模型中多普勒频率跟踪情况

和 FQFD 环路均可以完成对 JPL 模型载波的正常跟踪,但二阶 CPAFC 环路在高动态跟踪过程中,频率跟踪误差波动较小,仅在 $100g/s$ 加加速度作用时,跟踪情况有所波动,但仍在 15Hz 范围内,整个跟踪过程标准差为 2.933Hz。而 FQFD 环路频率跟踪误波动范围达到 50Hz,其标准差为 10.257Hz。载波相位的跟踪是否紧密可以通过环路解调出的导航电文情况进行分析评价,三种环路电文解调情况如图 3-41 所示。

从图 3-41 中可以看出,三阶 PLL 环由于无法跟踪 JPL 模型中载波多普勒频率变化,自然无法完成其相位跟踪,不能解调出导航电文。FQFD 环路虽然能跟踪频率变化,但频率跟踪波动较大,导致相位无法锁定,仍不能解调出导航电文。二阶 CPAFC 能以较小的频率误差波动稳定地跟踪高动态 GPS 载波多普勒频率变化。但由于频率跟踪锁定并不代表相位跟踪锁定,所以这种相位跟踪欠紧密的情况直接影响到导航电文的解调,从图中可以看出,解调出的导航电文数据码情况仍不理想。因此,下一节将提出 PLL、FLL 组合跟踪方案,以期待在高动态环境下既能精确跟踪和测量载波信号,又能快速牵入和锁定高动态载波信号。

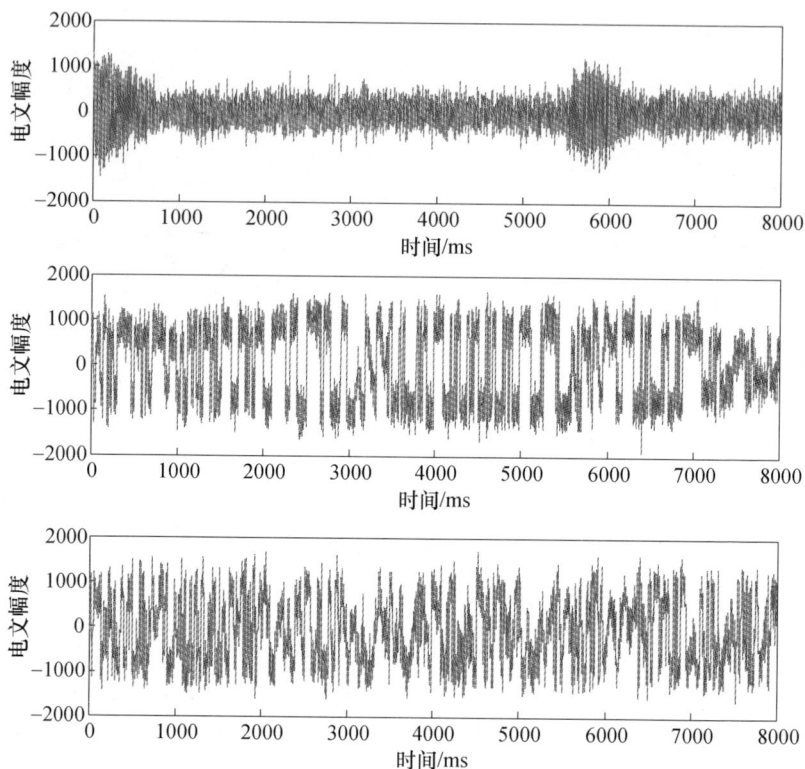

图 3-41 三种环路对在高动态环境下对导航电文的解调情况

3.4.2 高动态 GNSS 信号载波跟踪技术

3.4.2.1 组合跟踪基本原理

三阶 PLL 环路能对 GNSS 信号载波进行紧密跟踪,并有相当的相位跟踪精度,但在高动态环境下不能稳定跟踪;而二阶 CPAFC 环在高动态环境下能够保证持续正常跟踪,并在低信噪比环境下仍有一定的跟踪能力,但跟踪欠紧密,且环路噪声较高,载波相位跟踪精度较差。二阶 CPAFC 辅助三阶 PLL 组合环路很好地融合了二者的优势,在保证较高跟踪精度的情况下,还能承受较高的动态应力。对于整个跟踪环路,先利用四相鉴频器的非线性鉴频特性进行大范围的频率牵引,将频率快速牵引至符号叉积鉴频器的近似线性跟踪频带内,然后由符号叉积鉴频器在线性频带内进行小范围的精确鉴频,在完成频率跟踪后,剩余的相位差由科斯塔斯环鉴相器完成鉴相,从而实现高动态 GNSS 信号载波紧密、精确跟踪。

针对四相鉴频牵引的二阶 CPAFC 辅助三阶 PLL 组合跟踪环路,有如图 3 – 42 所示组合方案。

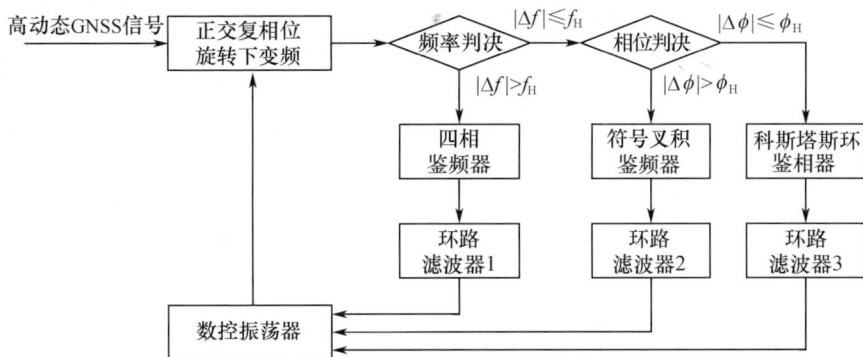

图 3 – 42　四相鉴频牵引的二阶 CPAFC 辅助三阶 PLL 组合跟踪环路原理图

该方案的特点是各环路相互独立,根据环路频差和相差进行环路切换。独立的环路设计降低了其健壮性,当信号较弱或受到外在干扰时,可能出现各环路频繁跳变的现象,影响跟踪的精确性。另外,这种设计对环路切换条件(频率、相位判决)要求较高,设计不好将影响各个环路的自然衔接和过渡,从而严重影响整个环路的稳定性。下面给出改进的组合跟踪环路,原理如图 3 – 43 所示。

在图 3 – 43 中,鉴频器输出结果 Err_FLL 分三种情况:当频差较大时,采用四相鉴频进行频率快速牵引;当四相鉴频牵引至频差较小、相差较大时,采用二阶 CPAFC 与三阶 PLL 组合跟踪环;当频差和相差均较小时,Err_FLL 赋零,切断锁频环,由锁相环单独进行高精度相位跟踪。鉴频器输出结果 Err_FLL 与科斯塔斯环鉴相器输出结果 Err_PLL 通过图 3 – 44 所示的组合环路滤波器进行滤波,从而反馈控制载波 NCO。环路滤波器各参数参照表 3 – 5 设计。改进的组合跟踪环路通过锁频环和锁相环滤波器的一体化设计,实现了锁频环和锁相环的无缝组合。当 Err_PLL = 0 时,组合环路变成了纯粹的锁频环;当

高动态GNSS信号 → 正交复相位 旋转下变频

四相 鉴频器 → $f1$
符号叉积 鉴频器 → $f2$
科斯塔斯环 鉴相器

跟踪环路切换规则
$$Err\_FLL=\begin{cases} f_1 & (E\_F>\text{ef}) \\ f_2 & (E\_F\leq\text{ef}且E\_P>\text{ep}) \\ 0 & (E\_F\leq\text{ef}且E\_P\leq\text{ep}) \end{cases}$$

Err_FLL

数控振荡器 ← FLL/PLL组合 环路滤波器 ← Err_PLL

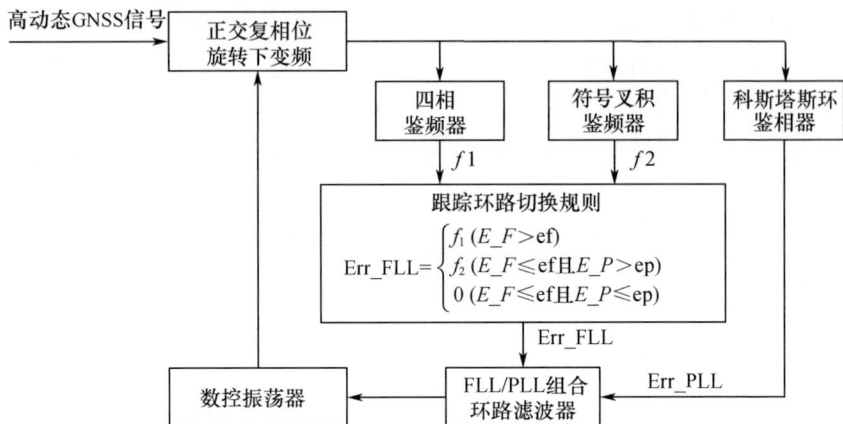

图 3 – 43　改进的组合跟踪环路

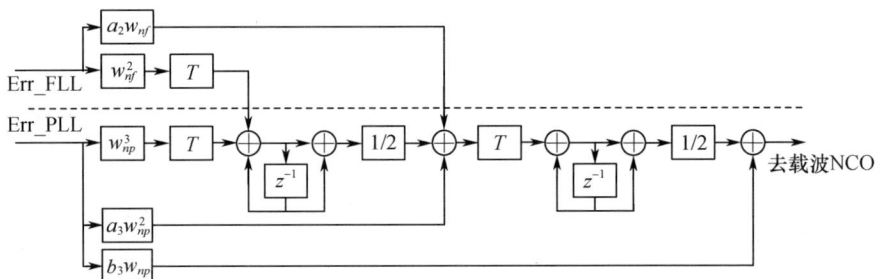

Err_FLL → a_2w_{nf} ; w_{nf}^2 → T

Err_PLL → w_{np}^3 → T → ⊕ → ⊕ → 1/2 → ⊕ → T → ⊕ → ⊕ → 1/2 → ⊕ → 去载波NCO
z^{-1}
$a_3w_{np}^2$
b_3w_{np}

图 3 – 44　2FLL/3PLL 组合环路滤波器

Err_FLL = 0 时,组合环路又变成了纯粹的锁相环。这样,接收机可以根据当前情况实时地调整载波环跟踪策略。相较于图 3 – 42 所示方案,环路切换前后过渡更为平滑,减小了环路切换时造成的振动,保证了组合环路的稳定性和精确性。

3.4.2.2　组合跟踪切换

在组合跟踪环路的切换条件中,涉及依据频差和相差而划分出的三种跟踪情况:频差较大;频差较小且相差较大;频差较小且相差较小。因此,在跟踪环路方案切换时,需进行频率和相位的有效估计和判决。下面推导频率和相位判决表达式。

由于鉴频时采用基于符号的叉积鉴频方法,即 cross·sgn(Dot)。

参考叉积鉴频公式有

$$\left| \mathrm{Dot}(k) \right| = \left| D(k) \cdot D(k-1) \right| \cdot \left| \cos(\phi_k - \phi_{k-1}) \right|$$
$$= \left| \cos\left[2\pi(\Delta f_k - \Delta f_{k-1})T \right] \right| \qquad (3-45)$$

当环路锁定，即 $\phi_k - \phi_{k-1} \to 0$，$\Delta f_k - \Delta f_{k-1} \to 0$ 时，则有 $\left| \mathrm{Dot}(k) \right| \to 1$。

故可将频率判决表达式设为 $E\_F(k) = \left| \mathrm{Dot}(k) \right|$，并设频率判决门限为 ef。

同理，根据 $\dfrac{I_P^2 - Q_P^2}{I_P^2 + Q_P^2} = \cos(2\phi_k)$，可将相位判决表达式设为 $E\_P(k) = \dfrac{I_P^2 - Q_P^2}{I_P^2 + Q_P^2}$，并设相位判决门限为 ep。

在得到频率和相位判决表达式和判决门限后，可以得出如图 3-43 中所示的组合跟踪环路的换判决公式，如下：

$$\mathrm{Err\_FLL} = \begin{cases} f_1 & (E\_F > \mathrm{ef}) \\ f_2 & (E\_F \le \mathrm{ef} \ 且\ E\_P > \mathrm{ep}) \\ 0 & (E\_F \le \mathrm{ef} \ 且\ E\_P \le \mathrm{ep}) \end{cases} \qquad (3-46)$$

ef、ep 的合理取值可以保证环路来回切换过程所造成频率跟踪误差波动较小。下面通过仿真测试不同 ef 和 ep 取值对组合环路频率跟踪波动情况（用标准差表征）的影响。假定跟踪初始时刻频差为 400Hz，测试结果如表 3-6 所列。

表 3-6　不同 ef 和 ep 时组合环路跟踪频率标准差（单位：Hz）

ep \ ef	0.55	0.60	0.65	0.70	0.75	0.80	0.85	0.90	0.95
0.55	25.362	25.344	25.361	24.923	24.782	24.466	25.381	25.164	25.777
0.60	25.366	25.145	25.379	24.691	24.804	25.333	25.411	25.167	25.680
0.65	25.361	25.073	25.364	24.705	24.741	25.441	25.564	25.173	25.527
0.70	25.322	25.114	25.399	24.741	24.745	25.334	25.483	25.206	25.411
0.75	25.425	25.162	25.421	24.416	24.520	25.375	25.494	25.147	25.633
0.80	25.351	25.204	25.431	24.341	24.373	25.350	25.604	25.129	25.920
0.85	25.337	25.264	25.357	24.606	24.638	25.407	25.350	25.128	25.564
0.90	25.214	25.202	25.378	24.590	24.611	25.343	25.404	25.106	25.967
0.95	25.178	25.200	25.338	24.577	24.570	25.341	25.327	25.134	25.430

从表中可以看出,ef 与 ep 的最佳取值范围为 0.70 ~ 0.80,此时组合环路对载波频率的跟踪波动最小。

3.4.2.3 性能分析及仿真

高动态 GNSS 信号采用 JPL 高动态模型,仿真卫星号为 GPS 03,信号中频为 0.42MHz,码频为 1.023MHz,信号采样频率为 2.046MHz,积分清零时间为 1ms,信号信噪比为 − 20dB,仿真时间为 8000ms。环路切换门限 ef、ep 均取 0.75。分别仿真有 FQFD 牵引组合环路和无牵引的组合环路(二阶 CPAFC 环直接辅助三阶 PLL 环路)在不同频率捕获精度情况下的跟踪情况。

(1) 捕获环路交接给跟踪环路的载波频率与实际载波频率相同时,有 FQFD 牵引和无牵引的组合环路跟踪情况,如图 3 − 45、图 3 − 46 所示。

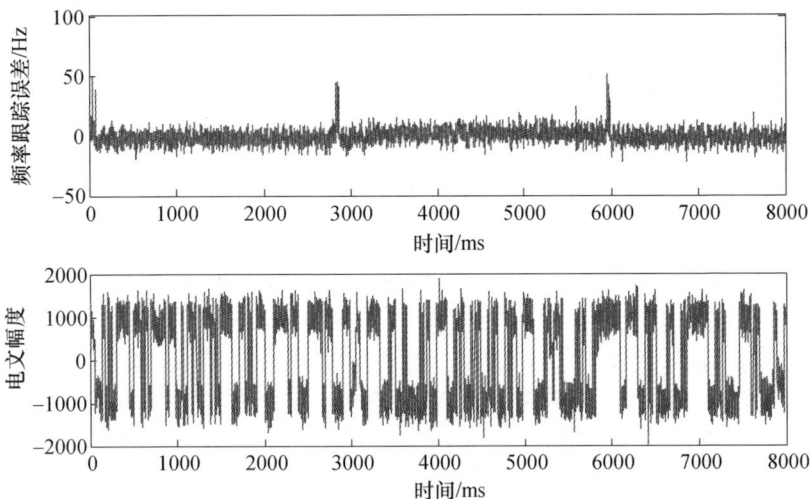

图 3 −45 有 FQFD 牵引的组合环路跟踪情况

从图 3 − 45 和图 3 − 46 可以看出,当捕获环路精确捕获载波频率后,对于跟踪环路,有无 FQFD 牵引,组合环路均能在高动态环境下实现频率的稳定跟踪,导航电文的解调情况也较理想。当然,由于 FQFD 环路的加入,有 FQFD 牵引的组合跟踪环路无疑会对跟踪环路引入额

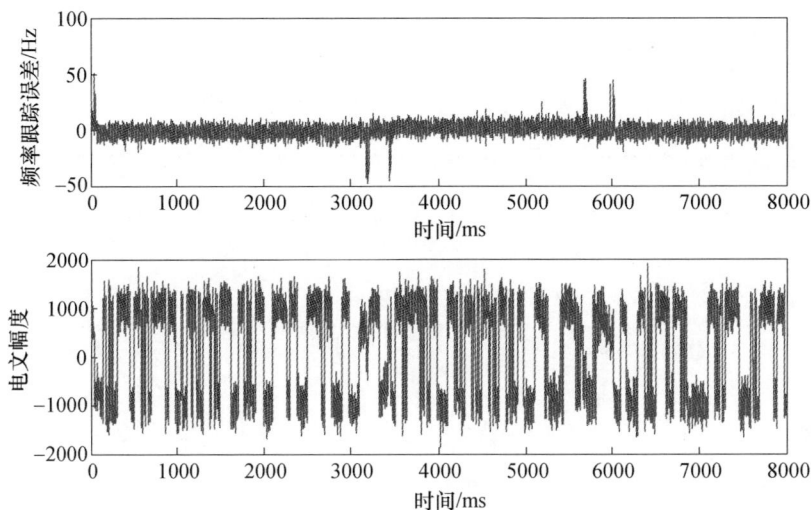

图 3 - 46   无牵引的组合环路跟踪情况

外的振荡。实际测出,有牵引的跟踪环路在 JPL 高动态模型下频率跟踪误差的标准差为 6.072Hz,而无牵引的环路则稍小,为 5.760Hz。然而,实际情况中捕获环路很难做到对载波频率的精确估计,其捕获频差通常高达几百赫兹。

(2)捕获环路交接给跟踪环路的载波频率与实际载波频率相差 400Hz 时,有 FQFD 牵引和无牵引的组合环路跟踪情况,如图 3 - 47、图 3 - 48 所示。

从图 3 - 47 和图 3 - 48 可以看出,当捕获环路对频率的估计误差为 400Hz 时,有 FQFD 牵引的组合环路能快速地完成载波频率的锁定,并且在后续过程中保证持续稳定跟踪,电文解调情况良好。整个高动态过程,其频率跟踪误差的标准差为 21.944Hz,在环路可忍受范围内。而对于无牵引的组合环路,400Hz 的跟踪初始频差使环路频率跟踪发散,无法完成正常锁定。这是由于 CPAFC 自身的频率牵引范围仅为 FQFD 算法的一半左右,约为 250Hz,单靠自身算法无法完成高达 400Hz 频差的牵引。

3.4.2.4   一种改进的快速牵引算法

由式(3 - 41)和式(3 - 42)可知,FQFD 的鉴频函数为 $\sin(\pi f_{d}T)$,

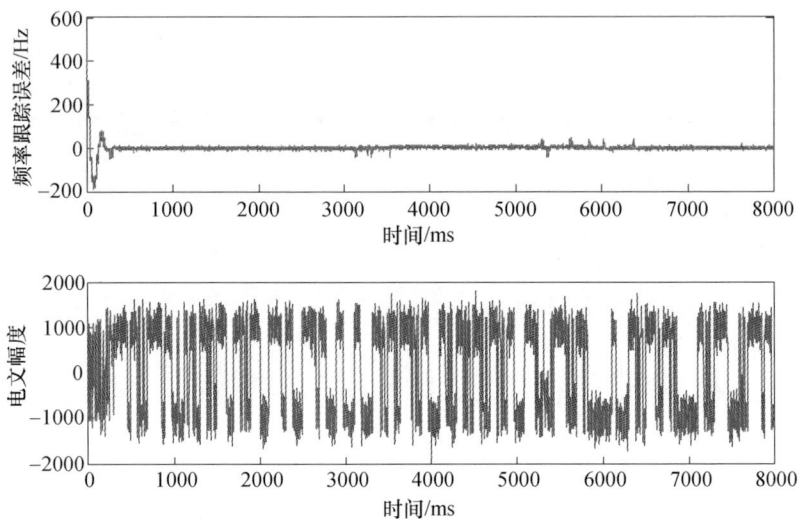

图 3 - 47　有 FQFD 牵引的组合环路跟踪情况

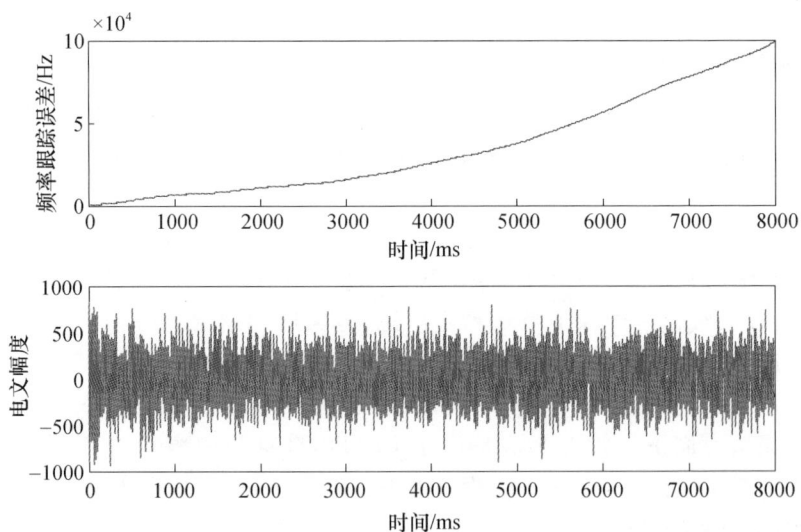

图 3 - 48　无牵引的组合环路跟踪情况

其鉴频增益为

$$F_{\mathrm{d}} = -2AD(k)R[\varepsilon(k)]\operatorname{sinc}(\pi f_{\mathrm{d}}T)\sin(2\pi f_{\mathrm{d}}(k-1)T+\varphi_k)$$

$$(3-47)$$

或

$$F_{\mathrm{d}} = 2AD(k)R[\varepsilon(k)]\operatorname{sinc}(\pi f_{\mathrm{d}}T)\cos(2\pi f_{\mathrm{d}}(k-1)T+\varphi_k)$$

$$(3-48)$$

鉴频结果正负极性由 $I_{\mathrm{P}}(k)$、$Q_{\mathrm{P}}(k)$ 实际情况确定。

由式（3 – 47）、（3 – 48）可知，鉴频增益 F_{d} 为一波动函数，故鉴频结果 $\beta = F_{\mathrm{d}} \cdot \sin(\pi f_{\mathrm{d}}T)$ 随之波动，因而产生较大鉴频误差。如果能改善增益波动，就可以在一定频差情况下得到稳定的频率调整量，从而使 FQFD 算法获得更快的牵引速度和更稳定的跟踪性能。

为了改善 F_{d} 的波动情况，引入包络四相鉴频算法（EFQFD）。

令 $E(\Delta I,\Delta Q) = \sqrt{\Delta I^2 + \Delta Q^2}$，则有

$$E(\Delta I,\Delta Q) = 2AD(k)R[\varepsilon(k)]\operatorname{sinc}(\pi f_{\mathrm{d}}T) \cdot \sin(\pi f_{\mathrm{d}}T)$$

$$(3-49)$$

由式（3 – 49）可知，$E(\Delta I,\Delta Q)$ 消除了鉴频结果 β 中的波动因素。加上鉴频极性，即可由此得到 EFQFD 鉴频公式，如下：

$$\beta' = \operatorname{sgn}\beta \cdot E(\Delta I,\Delta Q) \qquad (3-50)$$

下面通过仿真来比较二者牵引性能：仿真卫星号为 GPS 03，信号中频 0.42MHz，码频为 1.023MHz，信号采样频率为 2.046MHz，积分清零时间为 1ms，信号信噪比为 – 20dB，环路切换门限 ef、ep 均取 0.75，牵引初始频差设为 400Hz，仿真时间为 200ms。FQFD 算法和 EFQFD 算法的仿真结果如图 3 – 49 所示。

从图 3 – 49 可以看出，EFQFD 将频差牵引至 0Hz 的速度明显快于 FQFD 算法。如果不考虑牵引振荡，EFQFD 第一次将频差牵引到 0Hz 的时间为 12ms，而 FQFD 则为 18ms。初次牵引至零的速度，EFQFD 比 FQFD 快近 1/3。另外，对于牵引过程的频率振荡情况，EFQFD 算法在 100ms 后基本接近于稳定，而 FQFD 由于自身鉴频增益的振荡，故稳定所需时间较长，为 170ms 左右。在整个 200ms 过程中，EFQFD 鉴频误差的标准差为 13.135Hz，而 FQFD 则为 15.249Hz。所以，总的来说，EFQFD 算法无论是从牵引速度还是牵引过程稳定情况，都优于 FQFD

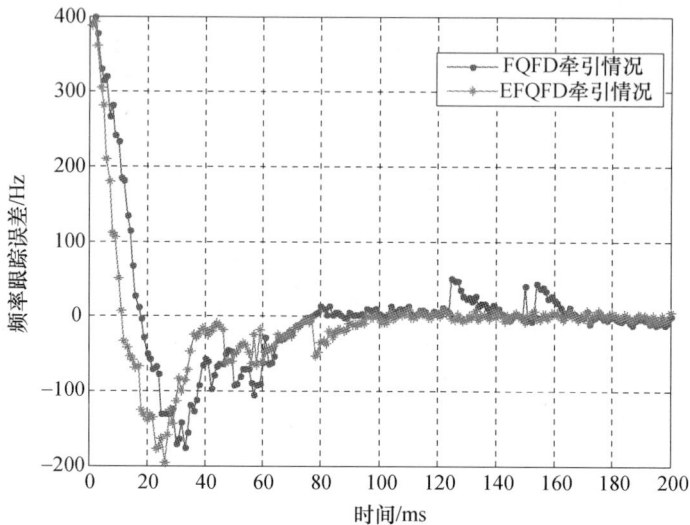

图 3－49　FQFD 与 EFQFD 在 400Hz 初始频差时的牵引情况

算法,并且鉴频计算量增加不大。

3.4.3　基于 Fuzzy 控制的环路带宽自适应设计

3.4.3.1　环路滤波器带宽与跟踪性能

当组合环路经历高动态运动过程后,速度趋于稳定,组合环路自动切换到三阶 PLL 单独跟踪模式。由于 FLL 环路会引入较大噪声,因此,在组合跟踪环路设计时,组合环路最佳跟踪状态是尽可能长时间地保持在单 PLL 跟踪模式。对于高动态环境下单 PLL 环路设计,有两点基本要求:环路具有很强的鲁棒性,不轻易跳出单 PLL 跟踪模式;在保证鲁棒性的同时,尽可能提高跟踪精度。而这两方面要求,均与环路噪声带宽相关。因此,这里先分析环路带宽对跟踪性能各方面的影响。参考式(3－20)、(3－21)可得出如下表格。

从表 3－7 和表 3－8 可以看出,当锁相环环路等效噪声带宽较小时,虽然可以提高锁定精度,但对外界动态应力承受能力减弱,鲁棒性较差,容易失锁;当锁相环环路等效噪声带宽较大时,对外界动态适应能力较强,但对环路引入更多噪声,导致锁定精度降低。另外,由三阶

表 3 – 7　PLL 在不同噪声带宽所能达到的载波

相位跟踪误差均方差情况(单位:(°))

		B_L/Hz								
		4	6	8	10	12	14	16	18	20
(C/N_0)/ dBc	30	4.4381	5.4356	6.2764	7.0173	7.6870	8.3029	8.8762	9.4147	9.9239
	33	2.8689	3.5136	4.0572	4.5361	4.9690	5.3672	5.7377	6.0858	6.4150
	35	2.1929	2.6858	3.1013	3.4674	3.7983	4.1026	4.3859	4.6519	4.9036
	38	1.4987	1.8355	2.1195	2.3696	2.5958	2.8038	2.9974	3.1792	3.3512
	40	1.1742	1.4381	1.6606	1.8566	2.0338	2.1968	2.3484	2.4909	2.6256
	43	0.8213	1.0059	1.1616	1.2987	1.4226	1.5366	1.6427	1.7423	1.8366
	45	0.6495	0.7954	0.9185	1.0269	1.1249	1.2150	1.2989	1.3777	1.4523
	48	0.4580	0.5609	0.6477	0.7242	0.7933	0.8568	0.9160	0.9716	1.0241
	50	0.3633	0.4449	0.5137	0.5744	0.6292	0.6796	0.7266	0.7706	0.8123

表 3 – 8　$C/N_0 = 43$dBc 时三阶 PLL 在不同噪声带宽所能

承受的最大加加速度

	B_L/Hz								
	4	6	8	10	12	14	16	18	20
Max_Jerk/(g/s)	0.3040	1.0128	2.3739	4.5906	7.8608	12.378	18.331	25.906	35.283

环路滤波器设计经验公式 $w_n = B_L/0.7845$,可知,噪声带宽越大,环路特征频率也越大,从而环路收敛速度越快。因此,在 PLL 设计时面临着环路鲁棒性、收敛速度与环路跟踪精度之间的矛盾。常规 PLL 设计通常依靠噪声带宽的折中选择来平衡各方面性能,而折中设计很难达到各方面性能的最优化。这里,给出一种基于模糊逻辑控制(Fuzzy Logic Control, FLC)的智能 PLL 环路,通过对环路噪声带宽的自适应控制,来解决环路鲁棒性、收敛速度和跟踪精度等各方面性能之间的矛盾。在环路开始工作时,使用较大带宽,加快捕获速度;在环路锁定后,换成较小的环路带宽,以减小环路噪声,提高锁定精度;当环路出现频率抖动或频率阶跃时,再次增大带宽,快速锁定。

3.4.3.2　PLL 环路的模糊逻辑控制(FLC_PLL)

图 3 – 50 所示的是一个概念化的常规二输入一输出模糊控制系

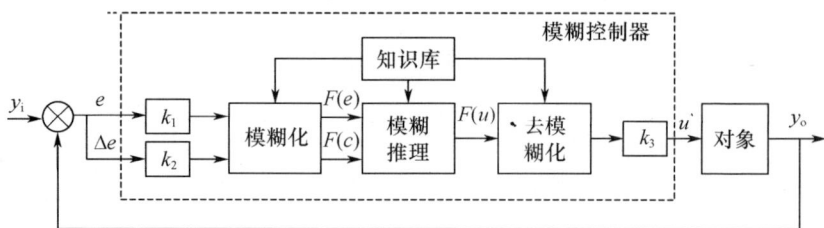

图 3 – 50　设计阶段的模糊控制系统结构图

统。系统包括参考输入、模糊控制器和被控对象。模糊控制器主要由四部分组成：模糊化（Fuzzifer）、知识库（Knowledge base）、模糊推理（Fuzzy Reasoning）和去模糊化（Defuzzifer）。对于二输入一输出系统，通常选择系统误差（e）和误差变化量（Δe）作为模糊控制器的输入。

在设计阶段，要考虑模糊化、模糊规则、模糊推理、清晰化等功能模块各自的结构和算法，最后汇总成一个模糊控制总表；到了应用阶段，模糊控制器的作用就是根据经过量化的输入在模糊控制总表中找到相应的输出量，再经量化后输出到被控对象。所以，在应用阶段，已没有任何模糊性可言。应用阶段的模糊控制系统如图 3 – 51 所示。

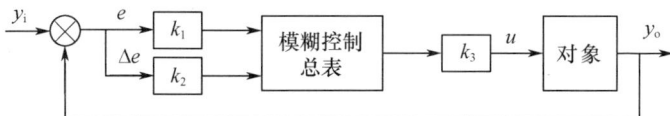

图 3 – 51　应用阶段的模糊控制系统结构图

参照图 3 – 51 中模糊控制系统的基本结构，对于 FLC_PLL 环路，选择鉴相结果 $\Delta\theta$ 作为输入误差，鉴频结果 Δf 作为输入误差变化，环路噪声带宽 B_L 作为输出量。通过模糊控制器进行模糊推理、解模糊，得到噪声带宽的自适应结果。然后通过表 3 – 5 中的换算公式将带宽换算成环路参数，实现三阶 PLL 环路的自适应控制。环路设计原理如图 3 – 52 所示。

下面详细介绍模糊控制器设计过程。

（1）进行输入量和输出量的模糊化。

相差 $\Delta\theta$ 论域设为（ $-\pi/2,\pi/2$ ），模糊化词集为：负大（NB）、负中

84

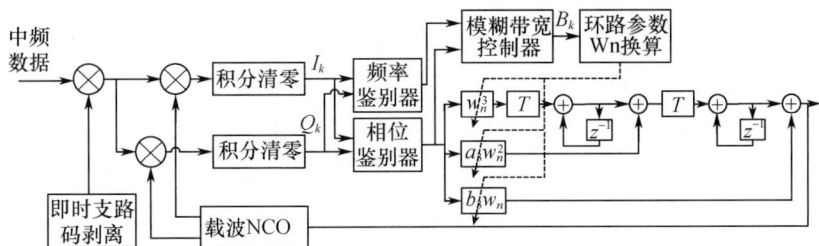

图 3 – 52　三阶 FLC_PLL 设计原理图

（NM）、负小（NS）、零（ZE）、正小（PS）、正中（PB）、正大（PL）。频差 Δf
论域设为（ $-\pi,\pi$ ），模糊化词集为：负大（NB）、负中（NM）、负小（NS）、
零（ZE）、正小（PS）、正中（PM）、正大（PB）。噪声带宽 B_L 论域设为
（0,250），为了对窄带宽更为敏感，采用 8 级非均匀量化，模糊化词集
为：零（ZE）、很小（PSS）、小（PS）、稍小（PMS）、中（PM）、稍大（PMB）、
大（PB）、很大（PBB）。为了简化，选择三角形函数作为基本隶属度函
数，输入和输出的隶属度函数设置如图 3 – 53 所示。

（2）模糊规则建立。

模糊控制规则共 49 条，关系词采用 if – and – then，例如：

$$\text{if } \Delta\theta \text{ is NB and } \Delta f \text{ is NB then } B_L \text{ is PBB}$$

模糊控制规则表是根据经验建立的，直接影响控制器性能。其目
的是根据系统输入误差情况确定合适的输出控制量以消除误差。经验
越丰富，建立的模糊控制规则表越准确，模糊控制效果越好。具体模糊
控制规则如表 3 – 9 所列。

（3）模糊推理与去模糊化。

令 E、EC、U 分别为相差 $\Delta\theta$、频差 Δf、控制量噪声带宽 B_L 的模糊集。
采用 Mamdani 极大极小推理法，对于 49 条模糊控制规则可得到 49 个输
入/输出关系矩阵 $R_1,R_2,\cdots,R_{49}$，从而可得到总的模糊关系矩阵，如下：

$$R = \bigcup_{i=1}^{49} R_i \qquad (3-51)$$

对于任意相差 E_i 和相差变化率 EC_j（频差），其对应的模糊控制器
输出 U_{ij} 为

$$U_{ij} = (E_i \times EC_j) \circ R \qquad (3-52)$$

85

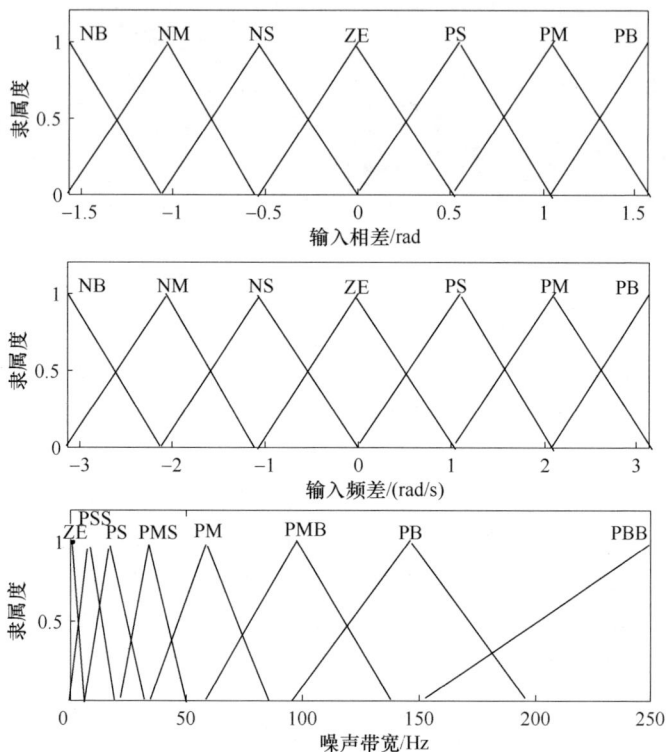

图 3 - 53　输入量和输出量的隶属度函数

表 3 - 9　模糊控制器控制规则表

		Δf						
		NB	NM	NS	ZE	PS	PM	PB
$\Delta\theta$	NB	PBB	PB	PB	PMB	PB	PB	PBB
	NM	PB	PMB	PM	PMS	PM	PMB	PB
	NS	PMB	PM	PS	PSS	PS	PM	PMB
	ZE	PM	PS	PSS	ZE	PSS	PS	PM
	PS	PMB	PM	PS	PSS	PS	PM	PMB
	PM	PB	PMB	PM	PMS	PM	PMB	PB
	PB	PBB	PB	PB	PMB	PB	PB	PBB

式(3-51)、式(3-52)中,∪、×、。均为模糊运算符号。

由式(3-52)得到的模糊控制量 U 是在一定范围内的隶属函数,必须对模糊控制量 U 进行去模糊化,得到精确控制量。这里采用重心法进行模糊判决:

$$u = \sum U_{ij} \cdot \mu_N(U_{ij}) / \sum \mu_N(U_{ij}) \qquad (3-53)$$

式中,$\mu_N(\cdot)$ 表示输出量的隶属度函数。

解模糊后得到的推理曲面如图 3-54 所示。

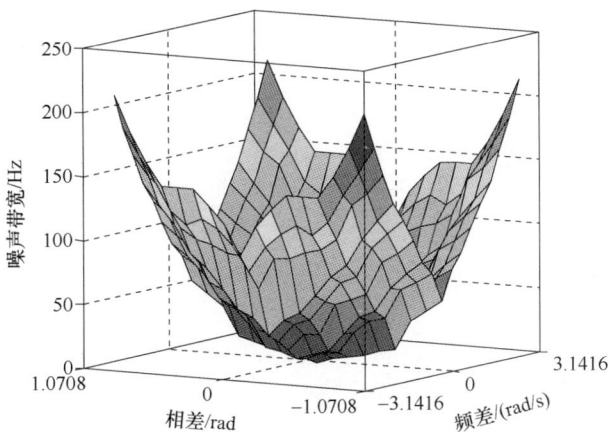

图 3-54　FLC_PLL 推理曲面

通过数字采样,得到 FLC_PLL 模糊控制总表,如表 3-10 所列。

3.4.3.3　FLC_PLL 性能分析

仿真 GNSS 卫星为 GPS 03,信号信噪比为 -20dB。信号中频 0.42MHz,码频为 1.023MHz,信号采样频率为 2.046MHz,积分清零时间为 1ms,仿真时间为 8000ms。对于模糊控制器,模糊推理采用 Mamdani 推理法,去模糊化时采用重心法。分别测试固定噪声带宽(18Hz)的三阶 PLL 与三阶 FLC_PLL(初始带宽 18Hz)的跟踪性能。

(1)信号无频率抖动时(图 3-55):

从图 3-55 可以看出,当信号无频率抖动时,对于两种 PLL 环路,固定带宽 PLL 频率跟踪误差较大,其误差的标准差达到 3.952Hz,而

87

表 3-10 三阶 FLC_PLL 模糊控制总表

EC \ E	π/2	7π/16	3π/8	5π/16	π/4	3π/16	π/8	π/16	0	-π/16	-π/8	-3π/16	-π/4	-5π/16	-3π/8	-7π/16	-π/2
-π	216	188	165	141	126	108	89.7	79.2	57	79.2	89.7	108	126	141	165	188	216
-7π/8	188	168	149	126	115	97.3	80.1	71.2	48.2	71.2	80.1	97.3	115	126	149	168	188
-3π/4	165	149	139	111	103	89.6	68.4	65.1	38.5	65.1	68.4	89.6	103	111	139	149	165
-5π/8	147	126	111	89.2	79.6	64.4	49.4	41.4	16	41.4	49.4	64.4	79.6	89.2	111	126	147
-π/2	147	116	103	79.6	73.2	58.3	43	38.4	13.3	38.4	43	58.3	73.2	79.6	103	116	147
-3π/8	147	122	99.9	64.4	58.3	54.7	29.5	28.2	9.51	28.2	29.5	54.7	58.3	64.4	99.9	122	147
-π/4	135	115	94.1	49.5	42.1	29.5	14.3	11.6	6.47	11.6	14.3	29.5	42.1	49.5	94.1	115	135
-π/8	121	103	92.7	43.4	38	28.2	11.6	11	5.02	11	11.6	28.2	38	43.4	92.7	103	121
0	97	83.3	68.1	29.7	24.2	15.6	6.47	5.02	0.833	5.02	6.47	15.6	24.2	29.7	68.1	83.3	97
π/8	121	103	92.7	43.4	38	28.2	11.6	11	5.02	11	11.6	28.2	38	43.4	92.7	103	121
π/4	135	115	94.1	49.5	42.1	29.5	14.3	11.6	6.47	11.6	14.3	29.5	42.1	49.5	94.1	115	135
3π/8	147	122	99.9	64.4	58.3	54.7	29.5	28.2	9.51	28.2	29.5	54.7	58.3	64.4	99.9	122	147
π/2	147	116	103	79.6	73.2	58.3	43	38.4	13.3	38.4	43	58.3	73.2	79.6	103	116	147
5π/8	147	126	111	89.2	79.6	64.4	49.4	41.4	16	41.4	49.4	64.4	79.6	89.2	111	126	147
3π/4	165	149	139	111	103	89.6	68.4	65.1	38.5	65.1	68.4	89.6	103	111	139	149	165
7π/8	188	168	149	126	115	97.3	80.1	71.2	48.2	71.2	80.1	97.3	115	126	149	168	188
π	216	188	165	141	126	108	89.7	79.2	57	79.2	89.7	108	126	141	165	188	216

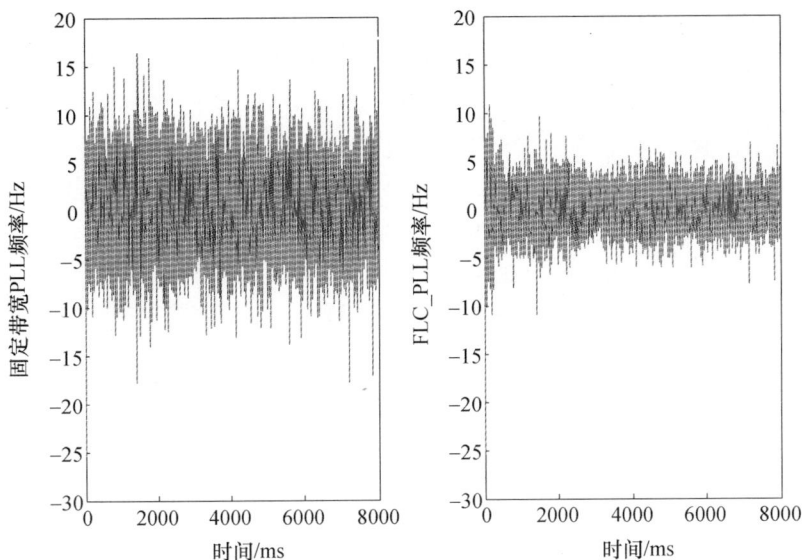

图 3 - 55 固定带宽 PLL 与 FLC_PLL 频率跟踪情况比较

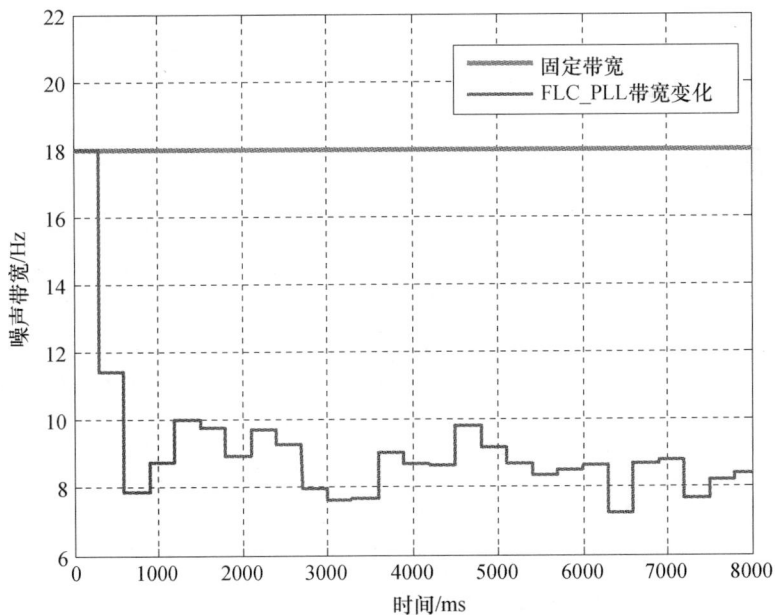

图 3 - 56 FLC_PLL 噪声带宽自适应调整过程

FLC_PLL 则为 2.110Hz,减小约 47% 。

从图 3 - 56 可以看出,FLC_PLL 环路在跟踪初期采用 18Hz 噪声带宽对 GPS 信号进行快速锁定。通过对相差、频差的实时监测,自适应调节环路噪声带宽。当环路趋于稳定时,噪声环路带宽稳定在 8 ~ 10Hz。相对于固定带宽(18Hz)PLL,FLC_PLL 通过降低近 50% 的环路噪声带宽来大幅降低环路噪声。

(2)信号存在 100Hz 的频率抖动时(图 3 - 57、图 3 - 58):

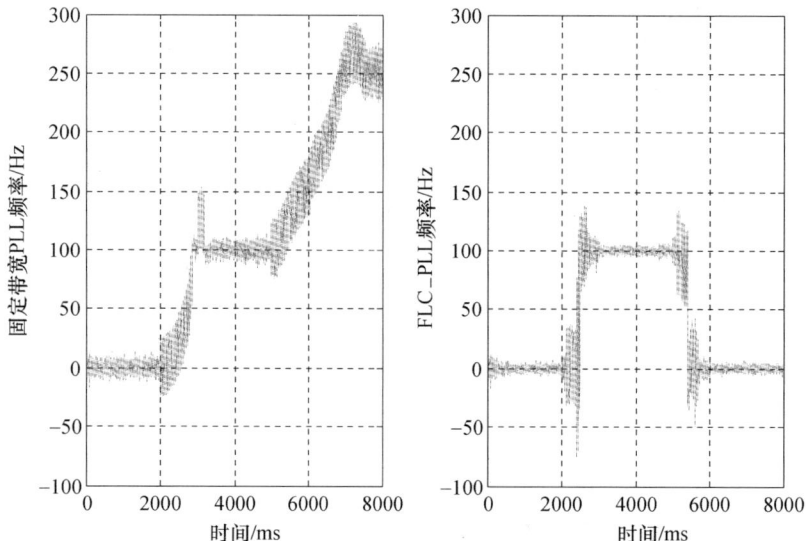

图 3 - 57 固定带宽 PLL 与 FLC_PLL 频率跟踪情况比较

当信号在 3000ms 处,出现 100Hz 的频率抖动,持续 2000ms,并于 5000ms 处恢复正常。从图 3 - 57 和图 3 - 58 中可以看出,当频率出现正性 100Hz 阶跃,固定带宽 PLL 经过 1000ms 后锁定,而 FLC_PLL 通过模糊控制迅速增大带宽至 58Hz,使 PLL 迅速锁定(约 500ms),然后调至窄带宽,保证跟踪精度。当频率出现负性 100Hz 阶跃(频率抖动恢复),固定带宽 PLL 环路失锁。而 FLC 同样通过迅速增大带宽然后减小至窄带宽来快速锁定频率。相较于固定带宽 PLL,FLC_PLL 体现出了较强的鲁棒性和较高的精度。

作为新一代 GNSS 信号同步机制的基础,本章首先介绍了传统

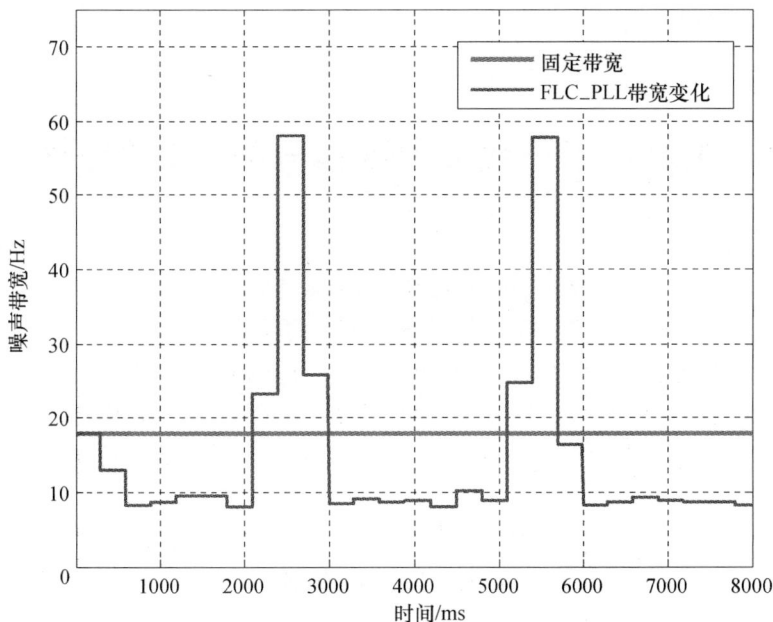

图 3 – 58　FLC_PLL 噪声带宽自适应调整过程

BPSK 调制导航信号的捕获跟踪算法。然后定量分析了多种 BOC 信号的去模糊同步算法,分为主峰变宽和主峰不变宽两类。主峰变宽类算法适合用于捕获过程的去模糊,主峰不变宽类算法适合用于码跟踪过程的去模糊,还简要分析了时分体制和 GALILEO E1/E5 频点信号的码同步机制。在 GNSS 信号载波同步机制研究部分,首先分析了传统 PLL 与 FLL 环路的动态性能和噪声性能,给出了一种基于四相鉴频牵引的二阶 CPAFC 辅助三阶 PLL 高动态跟踪方案,并详细分析了组合跟踪环路切换判决条件设定与最优化选取值。然后对四相鉴频算法进行改进,改善其牵引性能。最后给出基于模糊逻辑控制与三阶 PLL 环路的融合设计(FLC_PLL),实现高动态环境下 GNSS 信号载波环路带宽自适应控制,很好地平衡了环路动态性能和噪声性能之间的矛盾。

第 4 章   新一代 GNSS 信号导航性能分析

新一代 GNSS 导航信号和传统的 BPSK 信号相比有许多新特性,这些新特性赋予了新型 GNSS 信号更加优越的导航性能。

本章将从码跟踪精度、抗干扰性能及抗多径性能三个方面从理论上对新型 GNSS 信号的导航性能进行分析,并以 BPSK(1)、BOC(10,5)、BOC(14,2)、MBOC(6,1,1/11) 及 AltBOC(15,10) 等信号为例给出结论。

4.1   码跟踪精度

由第 3 章分析可知,新一代 GNSS 信号的码同步可以采用相干 EML 和非相干 EMLP 机制,且接收机的前端带宽、相关器间隔、环路带宽、预检积分时间等都会影响信号的码跟踪精度,下面给出详细分析。

4.1.1   相干 EML 码跟踪精度

相干 EML 码跟踪环路采用相干超前减滞后鉴别器,如式(4 - 1)所示。相干 EML 码跟踪环路要求已经准确跟踪上了载波相位,具有较好的抗噪声性能。

$$D_{\text{EML}} = I_{\text{E}} - I_{\text{L}} \qquad (4-1)$$

式(4 - 2)给出了相干 EML 码跟踪精度表达式。

$$\sigma_{\varepsilon,\text{EML}}^2 = \frac{4B_{\text{L}} \int_{-\infty}^{\infty} G_{\text{w}}(f) G_{s_0}(f) \sin^2(\pi f dT_{\text{c}}) \, df}{(2\pi)^2 P_{\text{s}} \left\{ \int_{-\infty}^{\infty} f \left[G_{s_0}(f) H(f) + G_{s_0}(-f) H^*(-f) \right] \sin(\pi f dT_{\text{c}}) \, df \right\}^2}$$

$$(4-2)$$

式中:B_{L} 为数字环路的等效单边带宽;$G_{\text{w}}(f)$ 为噪声的归一化功率谱密

度;$G_{s_0}(f)$ 为本地复现信号 $s_0(t)$ 的归一化功率谱密度;$H(f)$ 为信道影响的等效基带传递函数;P_s 为有用信号 $s(t)$ 的功率;d 为相关器间隔;T_c 为扩频码的码元宽度。

假设传输过程中信号无相位失真,且信号为实信号,即:$H(f) = H^*(-f) = |H(f)|$,$G_{s_0}(f) = G_{s_0}(-f)$。式(4 - 2)可以简化为

$$\sigma_{\varepsilon,\mathrm{EML},s_1}^2 = \frac{B_\mathrm{L} \int_{-\infty}^{\infty} G_\mathrm{w}(f) G_{s_0}(f) \sin^2(\pi f d T_c)\,\mathrm{d}f}{(2\pi)^2 P_s \left\{ \int_{-\infty}^{\infty} f G_{s_0}(f) |H(f)| \sin(\pi f d T_c)\,\mathrm{d}f \right\}^2} \quad (4-3)$$

如果假设干扰功率谱是白色的,干扰的单边功率谱密度为 N_0,接收机前端带宽是严格带限的且带宽为 β_r,式(4 - 3)可以进一步简化为

$$\sigma_{\varepsilon,\mathrm{EML},s_2}^2 = \frac{B_\mathrm{L} \int_{-\beta_r/2}^{\beta_r/2} G_{s_0}(f) \sin^2(\pi f d T_c)\,\mathrm{d}f}{(2\pi)^2 (P_c/N_0) \left\{ \int_{-\beta_r/2}^{\beta_r/2} f G_{s_0}(f) |H(f)| \sin(\pi f d T_c)\,\mathrm{d}f \right\}^2}$$

$$(4-4)$$

式中:$P_c = 2P_s$。

从式(4 - 2)~式(4 - 4)可以看到,影响相干 EML 码跟踪环路跟踪精度的因素有:码环带宽、接收机前端带宽、干扰和信号的功率谱密度、早迟相关器间隔以及接收信号的载噪比。

4.1.2 非相干 EMLP 环路跟踪精度

在没有准确跟踪载波相位时,必须采用非相干 EMLP 跟踪环路,这也是实际应用中常用的码跟踪环路。非相干 EMLP 跟踪环路采用的鉴相函数为

$$D_\mathrm{EMLP} = (I_\mathrm{E}^2 + Q_\mathrm{E}^2) - (I_\mathrm{Q}^2 + Q_\mathrm{Q}^2) \quad (4-5)$$

$$\sigma_{\varepsilon,\mathrm{EMLP}} = B_\mathrm{L} \frac{A}{K} \quad (4-6)$$

式中

$$A = \frac{4}{T_\mathrm{p}} \left[\int_{-\infty}^{\infty} G_\mathrm{w}(f) G_{s_0} \cos^2(\pi f d T_c)\,\mathrm{d}f \cdot \int_{-\infty}^{\infty} G_\mathrm{w}(f) G_{s_0} \sin^2(\pi f d T_c)\,\mathrm{d}f \right] +$$

$$P_s \int_{-\infty}^{\infty} G_\mathrm{w}(f) G_{s_0}(f)\,\mathrm{d}f \cdot \left[\left| \int_{-\infty}^{\infty} H(f) G_{s_0}(f) \mathrm{e}^{-\mathrm{j}\pi f d T_c}\,\mathrm{d}f \right|^2 + \right.$$

$$\left. \left| \int_{-\infty}^{\infty} H(f) G_{s_0}(f) \mathrm{e}^{\mathrm{j}\pi f d T_c}\,\mathrm{d}f \right|^2 \right] -$$

$$2P_{\mathrm{s}} \cdot \mathrm{Re}\left[\int_{-\infty}^{\infty} G_{\mathrm{w}}(f) G_{s_0}(f) \mathrm{e}^{-\mathrm{j}\pi f d T_{\mathrm{c}}} \mathrm{d}f \cdot \right.$$

$$\left. \int_{-\infty}^{\infty} H(f) G_{s_0}(f) \mathrm{e}^{-\mathrm{j}\pi f d T_{\mathrm{c}}} \mathrm{d}f \cdot \int_{-\infty}^{\infty} H^{*}(f) G_{s_0}(f) \mathrm{e}^{-\mathrm{j}\pi f d T_{\mathrm{c}}} \mathrm{d}f \right]$$

$$K = (2\pi)^2 \times P_{\mathrm{s}}^2 \left\{ \mathrm{Im}\left[\int_{-\infty}^{\infty} f H(f) G_{s_0}(f) \mathrm{e}^{\mathrm{j}\pi f d T_{\mathrm{c}}} \mathrm{d}f \cdot \right.\right.$$

$$\int_{-\infty}^{\infty} H^{*}(f) G_{s_0}(f) \mathrm{e}^{-\mathrm{j}\pi f d T_{\mathrm{c}}} \mathrm{d}f -$$

$$\left.\left. \int_{-\infty}^{\infty} f H(f) G_{s_0}(f) \mathrm{e}^{-\mathrm{j}\pi f d T_{\mathrm{c}}} \mathrm{d}f \cdot \int_{-\infty}^{\infty} H^{*}(f) G_{s_0}(f) \mathrm{e}^{\mathrm{j}\pi f d T_{\mathrm{c}}} \mathrm{d}f \right] \right\}^2$$

式中:T_{p}为预检积分时间。

式(4-6)给出了非相干 EMLP 环路的码跟踪精度公式。同样,假设传输过程中信号无失真且为实信号,式(4-6)可以简化为

$$\sigma_{\varepsilon,\mathrm{EMLP},s_1}^2 = \sigma_{\varepsilon,\mathrm{EML},s_1}^2 \times \left\{ 1 + \frac{\int_{-\infty}^{\infty} G_{\mathrm{w}}(f) G_{s_0}(f) \cos^2(\pi f d T_{\mathrm{c}}) \mathrm{d}f}{T_{\mathrm{p}} P_{\mathrm{s}} \left[\int_{-\infty}^{\infty} |H(f)| G_{s_0}(f) \cos(\pi f d T_{\mathrm{c}}) \mathrm{d}f \right]^2} \right\}$$

$$(4-7)$$

假设干扰为高斯白噪声,干扰的单边功率谱密度为 N_0,接收机前端带宽是严格带限的且带宽为 β_r,式(4-7)可以进一步简化为

$$\sigma_{\varepsilon,\mathrm{EMLP},s_2}^2 = \sigma_{\varepsilon,\mathrm{EML},s_2}^2 \times \left\{ 1 + \frac{\int_{-\beta_r/2}^{\beta_r/2} G_{s_0}(f) \cos^2(\pi f d T_{\mathrm{c}}) \mathrm{d}f}{T_{\mathrm{p}}(P_{\mathrm{c}}/N_0) \left[\int_{-\beta_r/2}^{\beta_r/2} |H(f)| G_{s_0}(f) \cos(\pi f d T_{\mathrm{c}}) \mathrm{d}f \right]^2} \right\}$$

$$(4-8)$$

从上面给出的结论中可以看到,EMLP 环路的码跟踪精度公式比与 EML 环路的码跟踪精度公式多出了一个大于 1 的乘项,这说明 EMLP 环路的码跟踪精度总是低于 EML 环路的码跟踪精度。

在信号无失真、相关器间隔 $d \rightarrow 0$ 且预检积分时间趋于无穷大时,相干 EML 环路和非相干 EMLP 环路的码跟踪精度具有相同的极限:

$$\lim_{\substack{d \rightarrow 0 \\ T_{\mathrm{p}} \rightarrow \infty}} \sigma_{\varepsilon}^2 = B_{\mathrm{L}} \frac{1}{(2\pi)^2 (P_{\mathrm{c}}/N_0) \left[\int_{-\beta_r/2}^{\beta_r/2} f^2 G_{s_0}(f) \mathrm{d}f \right]} \qquad (4-9)$$

从式(4-9)可以看出,在相同的接收载噪比和环路带宽条件下,

码跟踪精度下界由一个积分项决定,该积分项称为信号的 Gabor 带宽,如式(4 - 10)所示。Gabor 带宽是信号功率谱密度在接收带宽范围内的加权积分,权值为相对于载波的频率偏移的平方。显然,导航信号功率谱中远离载波频率处的分量越多,其 Gabor 带宽越大,跟踪精度越高。

$$\Delta f_{Gabor} = \sqrt{\int_{-\beta_r/2}^{\beta_r/2} f^2 G_{s0}(f)\,\mathrm{d}f} \qquad (4-10)$$

因此,在相同的码环带宽和载噪比条件下,可以通过不同信号间的 Gabor 带宽之比来衡量两个信号跟踪精度高低。如式(4 - 11)所示,信号的 Gabor 带宽为 Δf_{Gabor1},参考信号的 Gabor 带宽为 Δf_{Gabor0}:当 $R_{CCTAC} > 0$ 时,认为信号的码跟踪精度高于参考信号;当 $R_{CCTAC} = 0$ 时,认为信号的码跟踪精度等于参考信号;当 $R_{CCTAC} < 0$ 时,认为信号的码跟踪精度小于参考信号。

$$R_{CCTAC} = 20 \times \lg\left(\frac{\Delta f_{Gabor1}}{\Delta f_{Gabor0}}\right)(\mathrm{dB}) \qquad (4-11)$$

4.1.3 BOC 类信号的码跟踪精度分析

首先考察不同信号的 Gabor 带宽,表 4 - 1 给出了带宽 80MHz 条件下不同信号 Gabor 带宽的计算结果。从结果中可以看到,具有高频分量较多的 AltBOC 信号和 BOC(14,2)、BOC(10,5)信号的 Gabor 带宽较大,其码跟踪精度应当较高;根据定义,MBOC(6,1,1/11)的高频分量比 BOC(1,1)稍高,因此其 Gabor 带宽也大,理论上 MBOC(6,1,1/11)

表 4 - 1 不同信号的 Gabor 带宽

信号类型	Gabor 带宽/MHz
恒包络 AltBOC(15.10)	41.42
BPSK(1)	1.44
BOC(1,1)	3.53
MBOC(6,1,1/11)	4.40
BOC(14,2)	12.80
BOC(10,5)	13.82

信号的跟踪精度也更高;BPSK(1)信号的能量最为集中,因而其 Gabor 带宽也最小,预期其码跟踪精度也最低。

图 4-1 给出了高斯噪声条件下相干 EML 环路的码跟踪精度,环路带宽为 1Hz,前端带宽为 50MHz。从图中可以看到,随着相关器间隔的增大,信号的跟踪误差总体上呈增大趋势;对于不同的信号,在某些相关器间隔取值处的跟踪误差会突然增大,在实际设计接收机时应当避免这些相关器间隔取值;从总体上看,Gabor 带宽越大的信号其码跟踪误差越小。图 4-2 给出了高斯噪声条件下非相干 EMLP 环路的码跟踪误差曲线,曲线的趋势和图 4-1 中曲线趋势相似。

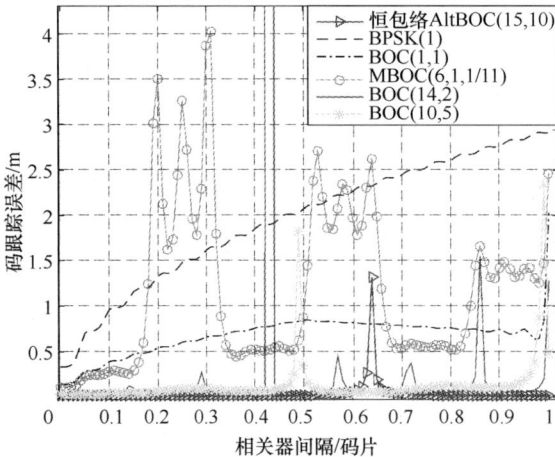

图 4-1   EML 环路码跟踪误差(见书末彩插)

由于在实际中非相干 EMLP 码跟踪环路应用更为广泛,因此针对 EMLP 环路分析码跟踪误差和接收机前端带宽以及早迟相关器间隔之间的关系。图 4-3 和图 4-4 分别给出了几种信号在不同条件下的码跟踪误差曲线,从图中可以得到如下结论:

(1)增大接收机的前端带宽可以减小码跟踪误差,但是只要信号主瓣的能量能够通过接收机前端滤波器,再增大前端带宽对于减小信号的码跟踪误差的作用有限;

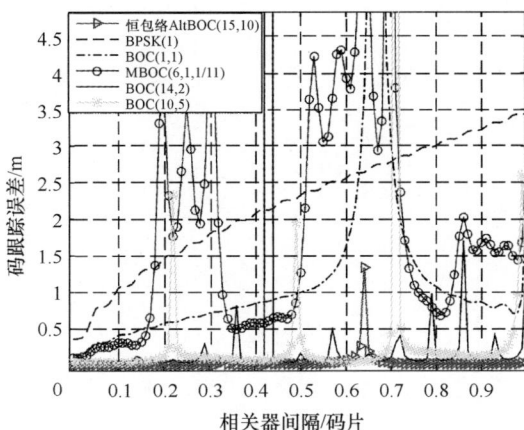

图 4 - 2　EMLP 环路码跟踪误差(见书末彩插)

（2）对于 MBOC 信号,接收机早迟相关器间隔的取值尽量不要落在(0.15,0.35)和(0.5,0.75)区间内;

（3）对于 BOC(14,2)信号,接收机早迟相关器间隔的取值尽量不要落在(0.95,1)区间内;

（4）对于 BOC(10,5)信号,接收机早迟相关器间隔的取值尽量不要落在(0.4,0.5)和(0.9,1)区间内。

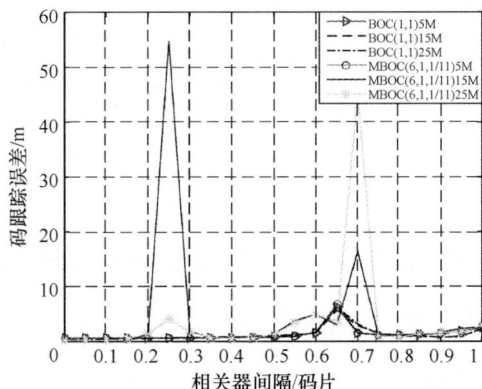

图 4 - 3　MBOC 信号码跟踪误差曲线(见书末彩插)

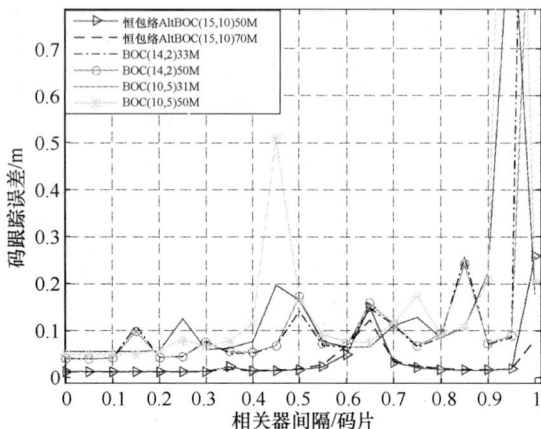

图 4 - 4　AltBOC 及 BOC 信号码跟踪误差曲线(见书末彩插)

4.2　抗干扰性能

一般我们通常使用"等效载噪比"来衡量干扰对信号跟踪性能的影响,即在等效载噪比条件下信号具有和混合白噪声及干扰条件下相同的码跟踪性能。文献[18]给出了基于谱分离系数(也称干扰系数)的等效载噪比计算方法。然而,由于谱分离系数是根据即时支路相关输出结果推导得来的,可以用来评估信号的捕获、载波跟踪及解调性能,并不适用于伪码跟踪过程的估计。谱分离系数定义为

$$\chi_{\mathrm{J,s}} = \int_{-\beta_r/2}^{\beta_r/2} f^2 G_{\mathrm{J}}(f) G_{s_0}(f) \mathrm{d}f \qquad (4-12)$$

4.2.1　相干 EML 跟踪环路抗干扰性能分析

Ward P W 定义了干扰条件下接收机相关输出等效载噪比的概念。为了计算干扰的等效载噪比,假设信号是实信号并且信号在传播过程中无失真,且接收机前端是带限的,根据式(4-3)和式(4-4),可以得到如下等式:

98

$$\frac{B_L \int_{-\beta_r/2}^{\beta_r/2} G_w(f) G_{s_0}(f) \sin^2(\pi f d T_c)\,\mathrm{d}f}{(2\pi)^2 P_s \left\{ \int_{-\beta_r/2}^{\beta_r/2} f G_{s_0}(f) \, |H(f)| \sin(\pi f d T_c)\,\mathrm{d}f \right\}^2}$$

$$= \frac{B_L \int_{-\beta_r/2}^{\beta_r/2} G_{s_0}(f) \sin^2(\pi f d T_c)\,\mathrm{d}f}{(2\pi)^2 (P_c/N_0)_{\mathrm{eff}} \left\{ \int_{-\beta_r/2}^{\beta_r/2} f G_{s_0}(f) \, |H(f)| \sin(\pi f d T_c)\,\mathrm{d}f \right\}^2} \tag{4-13}$$

又有 $2P_s = P_c$，对式（4 – 13）进行整理得

$$(N_0)_{\mathrm{eff,EML}} = \frac{2 \int_{-\beta_r/2}^{\beta_r/2} G_w(f) G_{s_0}(f) \sin^2(\pi f d T_c)\,\mathrm{d}f}{\int_{-\beta_r/2}^{\beta_r/2} G_{s_0}(f) \sin^2(\pi f d T_c)\,\mathrm{d}f}$$

$$= \frac{2 P_J \int_{-\beta_r/2}^{\beta_r/2} G_J(f) G_{s_0}(f) \sin^2(\pi f d T_c)\,\mathrm{d}f}{\int_{-\beta_r/2}^{\beta_r/2} G_{s_0}(f) \sin^2(\pi f d T_c)\,\mathrm{d}f} \tag{4-14}$$

式中：P_J 为干扰功率；$G_J(f)$ 为归一化干扰功率谱密度。式（4 – 14）得到的是单边带等效噪声功率谱密度。如果考虑信号中存在高斯白噪声，即 $G_w(f) = N_0 + P_J G_J(f)$，则通过类似的推导可以得到

$$(N_0)_{\mathrm{eff,EML}} = N_0 + 2P_J \cdot \eta_{J,s} \tag{4-15}$$

式中，$\eta_{J,s}$ 码跟踪谱灵敏度系数为

$$\eta_{J,s} = \frac{\int_{-\beta_r/2}^{\beta_r/2} G_J(f) G_{s_0}(f) \sin^2(\pi f d T_c)\,\mathrm{d}f}{\int_{-\beta_r/2}^{\beta_r/2} G_{s_0}(f) \sin^2(\pi f d T_c)\,\mathrm{d}f} \tag{4-16}$$

在相关器间隔 $d \to 0$ 情况下可以求得 $\eta_{J,s}$ 的极限：

$$\lim_{d\to 0}\eta_{J,s} = \frac{\int_{-\beta_r/2}^{\beta_r/2} f^2 G_J(f) G_{s_0}(f)\,\mathrm{d}f}{\int_{-\beta_r/2}^{\beta_r/2} f^2 G_{s_0}(f)\,\mathrm{d}f} = \frac{\chi_{J,s}}{\Delta f_{\mathrm{Gabor}}} \tag{4-17}$$

采用与相干 EML 分析过程类似的方法，也可以得到 EMLP 跟踪环路的等效载噪比计算公式，但是得到的结论非常复杂，不再如 EML 环

路的结论那么简洁。从推导的结果可以知道,EMLP 环路的等效载噪比与信道特性、预检积分时间、相关器间隔、接收机前端带宽、接收信号功率、干扰信号功率以及两者的功率谱密度均有关,此处不再给出相应的公式结论。非相干 EMLP 跟踪环路的抗干扰性能不能再简单地使用传统的等效载噪比公式计算得到的结果进行衡量,最好采用蒙特长洛仿真的手段进行分析。

4.2.2 抗干扰品质因数

在强干扰条件下信号等效载噪比近似为

$$\left(\frac{C}{N_0}\right)_{\text{eff}} = \frac{C}{J} \frac{\int_{-\beta_r/2}^{\beta_r/2} f^2 G_{s_0}(f)\,\mathrm{d}f}{2\int_{-\beta_r/2}^{\beta_r/2} f^2 G_J(f) G_{s_0}(f)\,\mathrm{d}f} \tag{4-18}$$

定义抗干扰品质因数:

$$Q = 10 \times \lg\left[\frac{\int_{-\beta_r/2}^{\beta_r/2} f^2 G_{s_0}(f)\,\mathrm{d}f}{\int_{-\beta_r/2}^{\beta_r/2} f^2 G_J(f) G_{s_0}(f)\,\mathrm{d}f}\right] \tag{4-19}$$

根据抗干扰品质因数 Q 和等效载噪比之间的关系可以看到,相同条件下抗干扰品质因数越大,等效载噪比也越大,因而信号的抗干扰能力越强。同时,信号抗干扰能力和信号的功率谱、干扰的功率谱、接收机前端带宽、相关器间隔均有关。

在接收机无任何抗干扰措施的情况下,中心频率位于信号功率谱峰值点的窄带干扰对接收机的干扰效果最为明显;在考虑接收机抗干扰措施的情况下,匹配谱干扰是最难去除的干扰类型。匹配谱干扰即干扰信号和有用信号具有相似的功率谱,引入匹配谱干扰的概念主要用来衡量卫星导航系统内不同卫星信号间的干扰以及不同卫星导航系统间的互干扰。接下来主要考虑这两种干扰类型。

对于窄带干扰,通常情况下当干扰中心频率和信号中心频率对准时干扰效果最好,其抗干扰品质因数可以用式(4-20)衡量:

$$Q_{\text{CTAJNW}} = 10 \times 1\lg\left(\frac{\int_{-\beta_r/2}^{\beta_r/2} f^2 G_s(f)\,\mathrm{d}f}{\max[f^2 G_s(f)]}\right) \tag{4-20}$$

而对于匹配谱干扰,其抗干扰品质因数可以用式(4-21)衡量:

$$Q_{\text{CTAJMS}} = 10 \times 1\lg\left(\frac{\int_{-\beta_r/2}^{\beta_r/2} f^2 G_s(f)\,\mathrm{d}f}{\int_{-\beta_r/2}^{\beta_r/2} f^2 G_s^2(f)\,\mathrm{d}f}\right) \tag{4-21}$$

表 4-2 给出了前端带宽 60MHz 下的不同调制信号的抗干扰品质因数(dB)。

表 4-2 不同调制信号的抗干扰品质因数

信号类型	抗窄带干扰品质因数/dB	抗匹配谱干扰品质因数/dB
恒包络 A1tBOC(15.10)	72.63	66.59
BPSK(1)	74.75	80.79
BOC(1,1)	73.58	75.68
MBOC(6,1,1/11)	70.15	76.80
BOC(14,2)	65.96	68.64
BOC(10,5)	71.95	74.45

4.2.3 BOC 类信号抗干扰性能分析

本节主要以相干 EML 码跟踪环路为例分析信号的抗干扰性能。在此需要说明的是,一个信号的码跟踪谱灵敏度系数越大并不意味着在相同条件下该信号的跟踪性能越差,只能说明信号对干扰更为敏感,即比较不同信号间的码跟踪谱灵敏度系数是没有意义的。图 4-5 给出了匹配谱干扰下谱灵敏度系数和相关器间隔的关系。从图中可以看到随着相关器间隔的增大,信号的谱灵敏度系数也增大,信号抗匹配谱干扰的能力下降。对于调制阶数较高的类 BOC 信号,其抗匹配干扰的能力受相关器间隔的影响不显著。

图 4-6 给出了在 0.5MHz 带宽的窄带干扰下谱灵敏度系数和干扰中心频率间的关系。从图中可以看到,当窄带干扰的中心频率和信

101

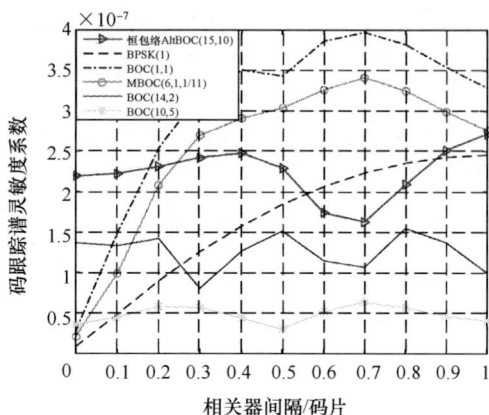

图4-5 匹配谱干扰下的谱灵敏度系数(见书末彩插)

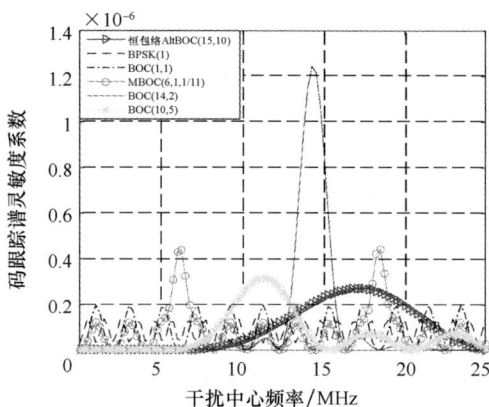

图4-6 不同中心频率窄带干扰下谱灵敏度系数极限(见书末彩插)

号子载波频率相接近时能够使干扰效果达到最大。但是对于AltBOC(15,10)和BOC(10,5)这两个码速率较高的信号而言,干扰效果最大处的频率要比子载波频率大,这主要是由信号功率谱较宽、高频分量较多造成的。

图4-7给出了窄带干扰带宽对码跟踪性能的影响,可以看到,窄带干扰的带宽越宽,信号的码跟踪性能越差。图4-8以0.5MHz的窄带干扰为例给出了不同信号的码跟踪性能。仿真时取环路带宽为

1Hz,相关器间隔取为 0.4 码片,信干比取 50dB,载噪比取 60dBc。从
仿真结果中可以看到,相同干扰条件下高频分量较高的信号具有很好
的码跟踪性能,BPSK(1)信号的码跟踪性能最差。

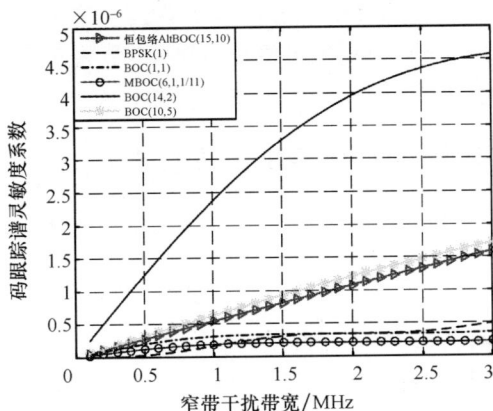

图 4 - 7 不同带宽窄带干扰下的谱灵敏度系数极限(见书末彩插)

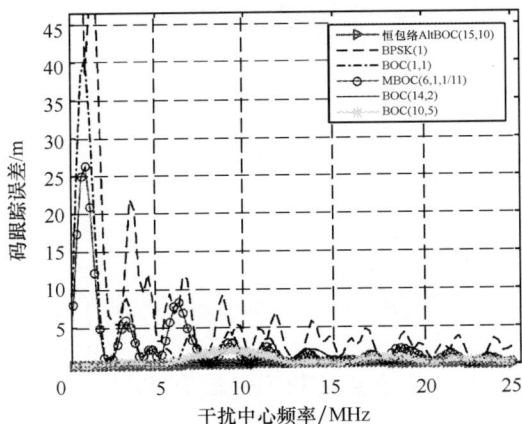

图 4 - 8 窄带干扰下的码跟踪误差(见书末彩插)

4.3 抗多径性能

文献[39]给出了基于非带限(理想方波)假设的多径误差理论解

析方法。该方法用分段的直线代表导航信号的自相关函数,通过计算叠加多径信号之后的鉴别曲线来推算出多径误差。这种方法仅适合于传统导航信号抗多径性能的分析,且要求信号的发射/接收带宽远大于码速率,不适合分析现代导航信号的多径误差。文献[40]提出了一种可用于带限信号的码多径误差计算公式,本小节将对该公式进行推导,利用得到的结论对信号的多径性能进行分析。

4.3.1 相干 EML 环路多径误差分析

式(4-22)给出了受多径干扰的接收信号的数学模型:

$$r(t) = a_0\cos\varphi_0 x(t - \tau_0) + \sum_{n=1}^{N} a_n\cos\varphi_n x(t - \tau_n) \quad (4-22)$$

式中:a_n为信号幅度;φ_n为信号相位;τ_n为传播时延。

为了方便分析导航信号体制抗多径性能,在分析多径问题时常常采用单反射路径的分析模型:

$$r(t) = a_0\cos\varphi_0 x(t - \tau_0) + a_1\cos\varphi_1 x(t - \tau_1) \quad (4-23)$$

假设本地码跟踪的多径误差为 ε_{τ_0},载波跟踪的相位误差为 ε_{φ_0},相关器间隔为 d,计算滞后同相支路的相干累积结果:

$$
\begin{aligned}
I_{\mathrm{L}} &= \int r(t)\cos(\varphi_0 + \varepsilon_{\varphi_0})x(t - \tau_0 - \varepsilon_{\tau_0} - d/2)\,\mathrm{d}t \\
&\approx a_0\cos\varepsilon_{\varphi_0}\int x(t - \tau_0)x(t - \tau_0 - \varepsilon_{\tau_0} - d/2)\,\mathrm{d}t + \\
&\quad a_1\cos(\varphi_1 - \varphi_0 - \varepsilon_{\varphi_0})\int x(t - \tau_1)x(t - \tau_0 - \varepsilon_{\tau_0} - d/2)\,\mathrm{d}t \\
&= a_0\cos\varepsilon_{\varphi_0}R(\varepsilon_{\tau_0} + d/2) + a_1\cos(\varphi_1 - \varphi_0 - \varepsilon_{\varphi_0})R(\tau_0 - \tau_1 + \varepsilon_{\tau_0} + d/2)
\end{aligned}
$$
$$(4-24)$$

同样,计算滞后正交支路的相干累积结果:

$$
\begin{aligned}
Q_{\mathrm{L}} &= \int r(t)\sin(\varphi_0 + \varepsilon_{\varphi_0})x(t - \tau_0 - \varepsilon_{\tau_0} - d/2)\,\mathrm{d}t \\
&\approx a_0\sin\varepsilon_{\varphi_0}\int x(t - \tau_0)x(t - \tau_0 - \varepsilon_{\tau_0} - d/2)\,\mathrm{d}t + \\
&\quad a_1\sin(\varphi_0 + \varepsilon_{\varphi_0} - \varphi_1)\int x(t - \tau_1)x(t - \tau_0 - \varepsilon_{\tau_0} - d/2)\,\mathrm{d}t \\
&= a_0\sin\varepsilon_{\varphi_0}R(\varepsilon_{\tau_0} + d/2) - a_1\sin(\varphi_1 - \varphi_0 - \varepsilon_{\varphi_0})R(\tau_0 - \tau_1 + \varepsilon_{\tau_0} + d/2)
\end{aligned}
$$

$$(4-25)$$

同理可以得到超前支路的相干累积结果：

$$I_{\mathrm{E}} = a_0 \cos\varepsilon_{\varphi_0} R(\varepsilon_{\tau_0} - d/2) + a_1 \cos(\varphi_1 - \varphi_0 - \varepsilon_{\varphi_0}) R(\tau_0 - \tau_1 + \varepsilon_{\tau_0} - d/2)$$

$$(4-26)$$

$$Q_{\mathrm{E}} = a_0 \sin\varepsilon_{\varphi_0} R(\varepsilon_{\tau_0} - d/2) - a_1 \sin(\varphi_1 - \varphi_0 - \varepsilon_{\varphi_0}) R(\tau_0 - \tau_1 + \varepsilon_{\tau_0} - d/2)$$

$$(4-27)$$

根据上述分析结果,可以得到相干 EML 鉴相器输出：

$$\begin{aligned} D_{\mathrm{EML}} = I_{\mathrm{E}} - I_{\mathrm{L}} = {} & a_0 \cos\varepsilon_{\varphi_0} [R(\varepsilon_{\tau_0} - d/2) - R(\varepsilon_{\tau_0} + d/2)] + \\ & a_1 \cos(\varphi_1 - \varphi_0 - \varepsilon_{\varphi_0}) \cdot [R(\tau_0 - \tau_1 + \varepsilon_{\tau_0} - d/2) - \\ & R(\tau_0 - \tau_1 + \varepsilon_{\tau_0} + d/2)] \end{aligned}$$

$$(4-28)$$

根据式$(4-28)$,由 $D(\varepsilon_{\tau_0}) = 0$ 即可计算得到的 ε_{τ_0} 即为多径误差。然而,利用"鉴相器输出等于 0"这样一个关系难以直接求得 ε_{τ_0}。通常 ε_{τ_0} 很小,因此可以在 $\varepsilon_{\tau_0} = 0$ 处对鉴相器输出作一阶泰勒展开,有

$$D(\varepsilon_{\tau_0}) \approx D(0) + D'(0) \cdot \varepsilon_{\tau_0} \qquad (4-29)$$

令式$(4-29)$左侧等于 0,可以直接得到求解表达式：

$$\varepsilon_{\tau_0} = -\frac{D(0)}{D'(0)} \qquad (4-30)$$

考虑到接收带宽并不是无限宽的,根据维纳 - 辛钦定理,可以计算

$$\begin{cases} R(\varepsilon_{\tau_0} - d/2) = \int_{-\beta_r/2}^{\beta_r/2} S(f) e^{j2\pi f(\varepsilon_{\tau_0} - d/2)} df \\ R(\varepsilon_{\tau_0} + d/2) = \int_{-\beta_r/2}^{\beta_r/2} S(f) e^{j2\pi f(\varepsilon_{\tau_0} + d/2)} df \\ R(\tau_0 - \tau_1 + \varepsilon_{\tau_0} - d/2) = \int_{-\beta_r/2}^{\beta_r/2} S(f) e^{j2\pi f(\tau_0 - \tau_1 + \varepsilon_{\tau_0} - d/2)} df \\ R(\tau_0 - \tau_1 + \varepsilon_{\tau_0} + d/2) = \int_{-\beta_r/2}^{\beta_r/2} S(f) e^{j2\pi f(\tau_0 - \tau_1 + \varepsilon_{\tau_0} + d/2)} df \end{cases}$$

$$(4-31)$$

式中:β_r 为接收机前端带宽。

那么,式$(4-31)$可以改写为

$$D_{\mathrm{EML}}(\varepsilon_{\tau_0}) = 2a_0 \cos\varepsilon_{\varphi_0} \int_{-\beta_r/2}^{\beta_r/2} S(f) \sin 2\pi f\varepsilon_{\tau_0} \sin(\pi fd) df +$$

$$2a_1 \cos(\varphi_1 - \varphi_0 - \varepsilon_{\varphi_0}) \int_{-\beta_r/2}^{\beta_r/2} S(f) \sin[2\pi f(\tau_0 - \tau_1 +$$

$$\varepsilon_{\tau_0})] \sin(\pi f d) \, df \qquad (4-32)$$

计算相干 EML 鉴相器的斜率：

$$D'_{\text{EML}}(\varepsilon_{\tau_0}) = 2a_0 \cos \varepsilon_{\varphi_0} \int_{-\beta_r/2}^{\beta_r/2} 2\pi f \cdot S(f) \cos(2\pi f \varepsilon_{\tau_0}) \sin(\pi f d) \, df +$$

$$2a_1 \cos(\varphi_1 - \varphi_0 - \varepsilon_{\varphi_0}) \int_{-\beta_r/2}^{\beta_r/2} 2\pi f \cdot S(f) \cos[2\pi f(\tau_0 - $$

$$\tau_1 + \varepsilon_{\tau_0})] \sin(\pi f d) \, df \qquad (4-33)$$

根据上述推导结果就可以得到相干 EML 鉴相器的多径误差公式

$$\varepsilon_{\tau_0}(\Delta\tau) =$$

$$\frac{-a_1 \cos(\varphi_1 - \varphi_0 - \varepsilon_{\varphi_0}) \int_{-\beta_r/2}^{\beta_r/2} S(f) \sin(2\pi f \Delta\tau) \sin(\pi f d) \, df}{2\pi a_0 \cos \varepsilon_{\varphi_0} \int_{-\beta_r/2}^{\beta_r/2} f \cdot S(f) \sin(\pi f d) \, df + 2\pi a_1 \cos(\varphi_1 - \varphi_0 - \varepsilon_{\varphi_0}) \int_{-\beta_r/2}^{\beta_r/2} f \cdot S(f) \cos(2\pi f \Delta\tau) \sin(\pi f d) \, df}$$

$$(4-34)$$

式中：$\Delta\tau = \tau_1 - \tau_0$。

4.3.2　非相干 EMLP 环路多径误差分析

直接按照相干 EML 鉴相器的方法分析非相干 EMLP 环路非常困难，下面采用一种间接方法进行分析。首先给出 EMLP 鉴相器输出：

$$\begin{aligned}
D_{\text{EMLP}} &= I_E^2 + Q_E^2 - I_L^2 - Q_L^2 \\
&= a_0^2 R_{E1}^2 + a_1^2 R_{E2}^2 + 2a_0 a_1 R_{E1} R_{E2} \cos(\varphi_1 - \varphi_0) - \\
&\quad [a_0^2 R_{L1}^2 + a_1^2 R_{L2}^2 + 2a_0 a_1 R_{L1} R_{L2} \cos(\varphi_1 - \varphi_0)] \\
&= a_0^2(R_{E1}^2 - R_{L1}^2) + a_1^2(R_{E2}^2 - R_{L2}^2) + \\
&\quad 2a_0 a_1 \cos(\varphi_1 - \varphi_0)(R_{E1} R_{E2} - R_{L1} R_{L2}) \qquad (4-35)
\end{aligned}$$

式中

$$\begin{cases}
R_{E1} = R(\varepsilon_{\tau_0} - d/2) \\
R_{E2} = R(\tau_0 - \tau_1 + \varepsilon_{\tau_0} - d/2) \\
R_{L1} = R(\varepsilon_{\tau_0} + d/2) \\
R_{L2} = R(\tau_0 - \tau_1 + \varepsilon_{\tau_0} + d/2)
\end{cases} \qquad (4-36)$$

除了信号本身的自相关函数和多径时延,反射信号相对于直达信号的相移也影响着多径误差。实际中,多径误差在特定时延情况下的极值(即多径误差包络)更能反映多径信号的影响,因此我们从多径误差包络的角度对相干 EML 和非相干 EMLP 环路进行分析。

多径误差对相移的偏导:

$$\frac{\partial \varepsilon_{\tau_0}}{\partial(\varphi_1 - \varphi_0)} = \frac{\partial D_{EML}/\partial(\varphi_1 - \varphi_0)}{\partial D_{EML}/\partial \varepsilon_{\tau_0}}$$

$$= \frac{-a_1 \sin(\varphi_1 - \varphi_0 - \varepsilon_{\varphi_0}) \cdot [R(\tau_0 - \tau_1 + \varepsilon_{\tau_0} - d/2) - R(\tau_0 - \tau_1 + \varepsilon_{\tau_0} + d/2)]}{\partial D_{EML}/\partial \varepsilon_{\tau_0}}$$

$$(4-37)$$

使上述偏导数等于 0,可以求得

$$\varphi_1 - \varphi_0 - \varepsilon_{\varphi_0} = 0 \text{ 或 } 180° \qquad (4-38)$$

同理,对于 EMLP 环路的多径误差,对相移求偏导:

$$\frac{\partial \varepsilon_{\tau_0}}{\partial(\varphi_1 - \varphi_0)} = \frac{\partial D_{EMLP}/\partial(\varphi_1 - \varphi_0)}{\partial D_{EMLP}/\partial \varepsilon_{\tau_0}}$$

$$= \frac{-2a_0 a_1 \sin(\varphi_1 - \varphi_0) \cdot [R_{E1}R_{E2} - R_{L1}R_{L2}]}{\partial D_{EML}/\partial \varepsilon_{\tau_0}} \qquad (4-39)$$

要使上述偏导数等于 0,则 $\varphi_1 - \varphi_0 = 0$ 或 $180°$。

为了简化分析,令载波相位跟踪误差 $\varepsilon_{\varphi_0} = 0$,则相干 EML 和非相干 EMLP 鉴相器的输出可以表示为

$$D_{EML} = I_E - I_L = a_0(R_{E1} - R_{L1}) \pm a_1(R_{E2} - R_{L2}) \qquad (4-40)$$

$$D_{EMLP} = [a_0(R_{E1} - R_{L1}) \pm a_1(R_{E2} - R_{L2})] \times$$

$$[a_0(R_{E1} + R_{L1}) \pm a_1(R_{E2} + R_{L2})]$$

$$= D_{EML} \cdot [a_0(R_{E1} + R_{L1}) \pm a_1(R_{E2} + R_{L2})] \qquad (4-41)$$

上述两式中,所有的 ± 同时取 + 或 −。可以看出,非相干 EMLP 鉴相器具有和相干 EML 鉴相器相同的零点且非相干 EMLP 鉴相器输出中第二项的零点不是环路锁定点。因此,可以得出结论:在载波相位误差为 0 时,非相干 EMLP 环路与相干 EML 环路的多径误差包络是相同的,且多径误差包络的计算公式为

$$\varepsilon_{\tau_0}(\Delta\tau) = \frac{\mp a_1 \int_{-\beta_r/2}^{\beta_r/2} S(f)\sin(2\pi f \Delta\tau)\sin(\pi f d)\,\mathrm{d}f}{2\pi \int_{-\beta_r/2}^{\beta_r/2} f \cdot S(f)\sin(\pi f d) \cdot [a_0 \pm a_1\cos(2\pi f \Delta\tau)]\,\mathrm{d}f}$$

$$(4-42)$$

4.3.3 平均多径误差与多径误差包络下界

平均多径误差是由多径误差包络绝对值的累积和计算而来的,即平均多径误差 $\bar{\varepsilon}_{\tau_0}(\tau_1)$ 表示多径时延在 $[0,\tau_1]$ 范围内的平均多径误差。平均多径误差与多径误差包络之间的关系为

$$\bar{\varepsilon}_{\tau_0}(\tau_1) = \frac{1}{\tau_1}\int_0^{\tau_1}\left[\frac{|\varepsilon_{\tau_0}(\tau)|_{\varphi_1-\varphi_0=0°} + |\varepsilon_{\tau_0}(\tau)|_{\varphi_1-\varphi_0=180°}}{2}\right]\mathrm{d}\tau$$

$$(4-43)$$

可以看到,减小相关器间隔 d 可以减小多径误差包络。根据 L' Hospital 法则可以求得式(4-42)在 $d\to0$ 的条件下多径误差包络的下界,然而,这种减小的趋势受前端带宽限制,即使 $d=0$,也不会使多径误差降为 0。

$$\lim_{d\to0}\varepsilon_{\tau_0}(\Delta\tau) = \frac{\mp a_1 \int_{-\beta_r/2}^{\beta_r/2} fS(f)\sin(2\pi f \Delta\tau)\,\mathrm{d}f}{2\pi \int_{-\beta_r/2}^{\beta_r/2} f^2 \cdot S(f) \cdot [a_0 \pm a_1\cos(2\pi f \Delta\tau)]\,\mathrm{d}f}$$

$$(4-44)$$

4.3.4 BOC 类信号抗多径性能分析

图 4-9 和图 4-10 分别给出了不同调制信号的多径误差包络和平均多径误差。选取前端带宽为 50MHz,相关器间隔为 0.4 码片,反射路径与直射路径的幅度比为 -10dB。可以总结出如下规律:信号的高频分量越多、调制系数越大,其抗多径性能越好。

图 4-11 和图 4-12 给出了 MBOC(6,1,1/11) 信号和 BOCc(10,5) 信号在不同相关器间隔条件下的多径误差分析。从图中可以看到,相关器间隔越大,抗多径能力越弱。

图 4-13 和图 4-14 给出了 MBOC(6,1,1/11) 信号和 BOC(10,5) 信

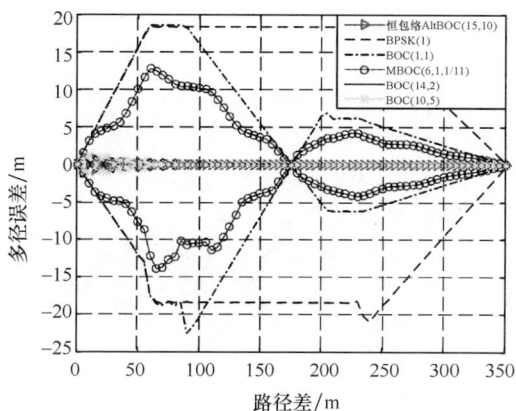

图 4 - 9 不同信号的多径误差包络(见书末彩插)

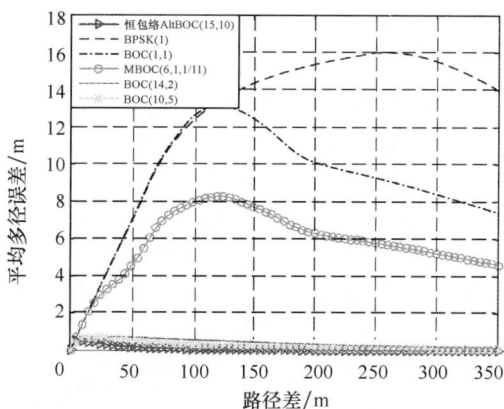

图 4 - 10 不同信号的平均多径误差(见书末彩插)

号在不同前端带宽条件下的多径误差分析。可以看到,前端带宽越大,信号抗多径能力越强。BOC(10,5)信号的多径性能对相关器间隔和前端带宽的变化相对不敏感。

本章主要从理论上分析评估了现代 GNSS 信号的导航性能。信号的码跟踪精度和信号本身能量在频域的分布有关,高频处信号的能量越多,信号的 Gabor 带宽越大,信号在高斯白噪声干扰条件下的跟踪性

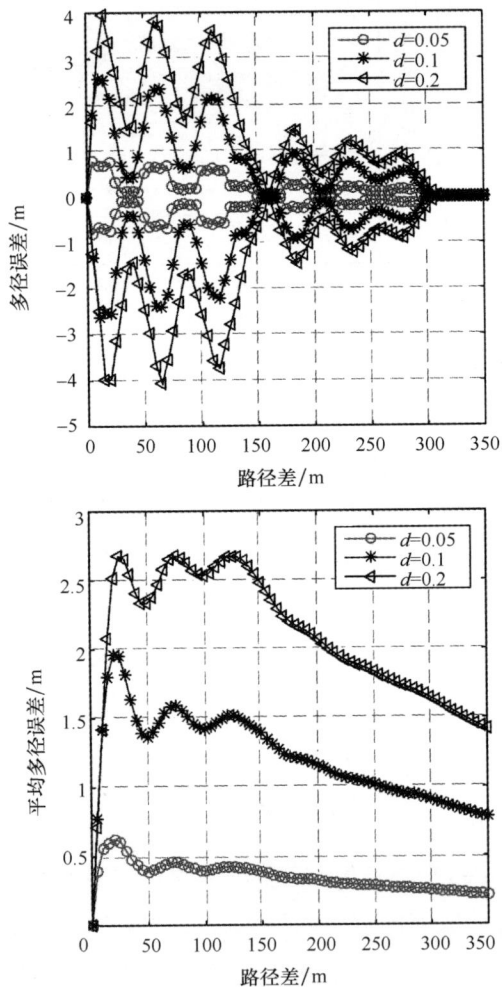

图 4 - 11　不同相关器间隔下 MBOC(6,1,1/11) 多径误差

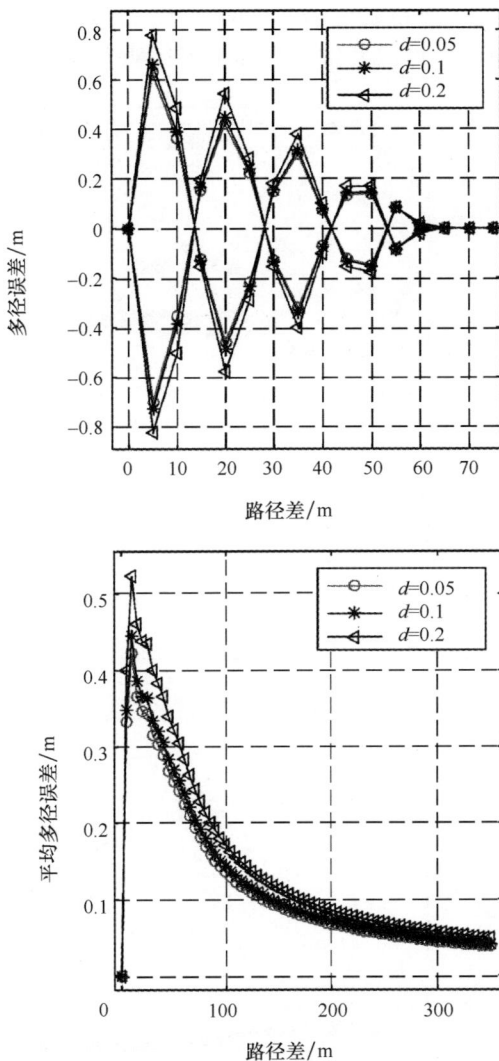

图 4 - 12 不同相关器间隔下 BOCc(10,5)多径误差

能越好。信号抗窄带干扰、多径干扰的能力也随着信号的 Gabor 带宽的增大而增大。接收机参数也会影响信号的接收性能,比如早迟相关器间隔越窄,则信号的抗白噪声干扰的能力越强;前端带宽越宽,信号的信噪比越低,信号的跟踪性能越差,但是有利于减小多径干扰的影

响。总的来说，新一代单载波多分量的 GNSS 信号比传统的 BPSK 信号具有更好的码跟踪精度以及抗干扰和抗多径能力。

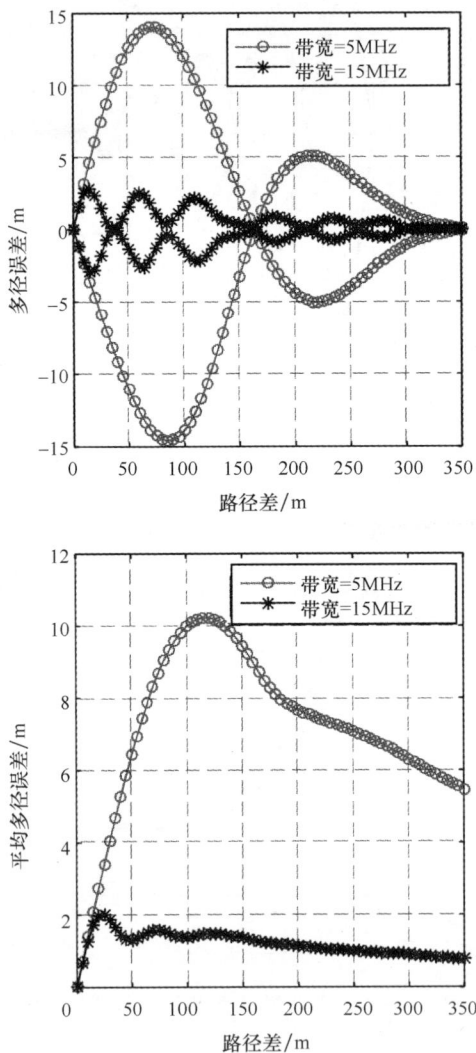

图 4-13　不同接收带宽下 MBOC(6,1,1/11) 多径误差

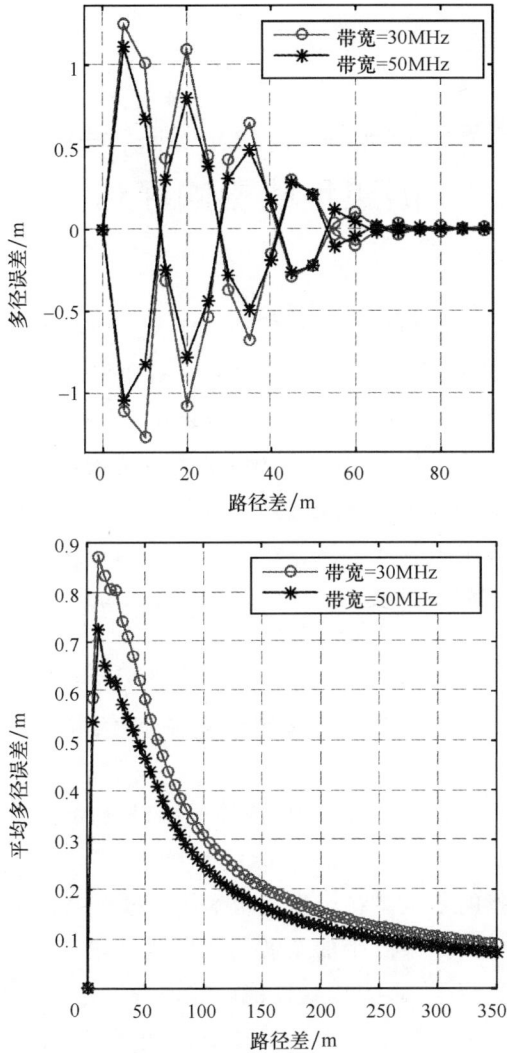

图 4-14 不同接收带宽下 BOCc(10,5)多径误差

第5章　新一代 GNSS 信号畸变对
测距性能影响评估

本章以北斗全球导航系统可能将要采用的 TDDM – BOC(14,2)，
BPSK(10)，TMBOC(6,1,4/33)以及 TD – AltBOC(15,10)调制信号为
例进行研究。TDDM – BOC(14,2)信号采用双环路跟踪算法，并使用
北斗区域系统 1 号星伪码；BPSK(10)采用传统跟踪算法，使用伽利略
系统 1 号星 E5a 频点数据通道伪码；TMBOC(6,1,4/33)采用 Bump –
Jump 跟踪算法，使用北斗区域系统 1 号星伪码；TD – AltBOC(15,10)
信号采用单边带跟踪算法，使用伽利略系统 1 号星 E5 频点的
伪码。

5.1　频谱畸变影响评估

频域畸变主要包括信号杂散、载波泄漏以及功率谱不对称等几种
形式。

信号杂散指的是卫星在产生大功率信号过程中会在发射信号带内
或带外产生杂波。如果产生的杂波落入接收频段内，则会导致接收系
统的输入信噪比降低，影响接收性能。载波泄漏通常是模拟调制过程
中正交调制器载波泄漏至输出端导致的，载波泄漏也会影响接收信号
的信噪比。这两种信号畸变都可以看作干扰对信号的影响，本文不作
分析。

功率谱不对称通常是由发射或接收设备的滤波器增益不对称造成
的。为了仿真研究功率谱不对称对测距性能的影响，首先设计增益不
对称的倾斜滤波器，该滤波器的幅频特性可以表示为

$$|H(f)| = \begin{cases} 1 & f < f_0 - \Delta f \\ 1 - \dfrac{a}{\Delta f}(1 + \Delta f - f_0) & f_0 - \Delta f \leqslant f \leqslant f_0 + \Delta f \\ 1 - 2a & f > f_0 + \Delta f \end{cases} \quad (5-1)$$

式中:各参数的含义如图 5 - 1 所示。a 为峰峰衰减因子,常用参数 A 替代 a 来描述信号的不对称程度,两者之间的关系为

$$A = 20\lg(1 - 2a) \quad (\text{dB}) \quad (5-2)$$

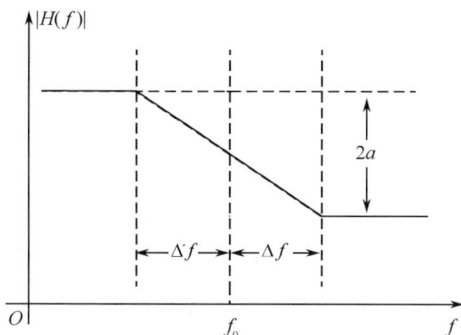

图 5 - 1 倾斜滤波器的幅频响应

计算功率谱的方法有很多,可以直接通过傅里叶变换得到信号的频谱,将信号频谱与自身的共轭相乘就得到了信号的功率谱估计。另外,根据维纳 - 辛钦定理,还可以利用信号的自相关函数对其功率谱进行估计。为了更精细地估计信号功率谱包络,提高功率谱包络的平滑性,减小"截断"的影响,这里采用 Welch 周期图法对信号的功率谱进行估计。

Welch 周期图法首先将信号序列 $x(k)$ 分为 n 个相互重叠的小段,可以用 N_r 表示相邻两个小段间重叠的点数。然后,对每个小段进行加窗、FFT 变换,并对变换后的 n 个结果进行取平均得到信号的功率谱估计。图 5 - 2 给出了 Welch 周期图法重叠加窗示意图。

重叠加窗可以改善功率谱曲线的平滑性,大大提高谱估计的分辨率。虽然加窗会带来一定的信噪比损耗,但是此处主要考察功率谱包络是否存在畸变以及和理想功率谱的拟合程度,因此不会对评估造成明显影响。分段数越多,得到的最终结果也就越平滑。同时,需要注意

115

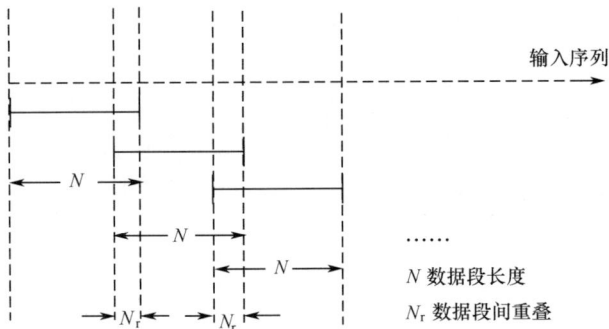

输入序列

N

N

N

N_r N_r

......

N 数据段长度
N_r 数据段间重叠

图 5-2   Welch 周期图法重叠加窗示意图

的是,由于现代 GNSS 导航信号的带宽较宽,应当采用足够高的采样率以保证功率谱足够宽;进行离散傅里叶变换的点数尽量取为 2 的整次幂,以加快计算速度。

载波功率和噪声功率谱密度之比称为载噪比,可以表示为 $CNR = C/N_0$。载噪比和信噪比的关系可以表示为

$$C/N_0 = SNR \times B_n \qquad (5-3)$$

式中:B_n 为待评估信号带宽。

载噪比可以直接反映信号质量,是衡量信号质量好坏的重要参数,可以利用跟踪完成后即时同相支路 I_p 相关累加器的输出对信号载噪比进行估计。跟踪完成后,I_p 支路的相关累加值由有用信号和噪声组成,假设噪声为窄带高斯噪声,可以表示为

$$I_i = u(i) + n(i) \qquad (5-4)$$

式中:$u(i)$ 为有用信号;$n(i)$ 窄带高斯噪声。

取 N 个相干累加值,则累加值的算术平均和样本方差可以表示为

$$|\bar{I}| = \frac{1}{N} \sum_{i=1}^{N} |I_i| \qquad (5-5)$$

$$\hat{\sigma}^2 = \frac{1}{N-1} \sum_{i=1}^{N} (|I_i| - |\bar{I}|)^2 \qquad (5-6)$$

可以看到,样本方差是对噪声功率的无偏估计,噪声功率可以表示

为式(5 − 7)。算术平均是对信号幅度的无偏估计。经推导,信号功率的无偏估计可以表示为式(5 − 8)。

$$\hat{P}_n = \hat{\sigma}^2 \qquad (5-7)$$

$$\hat{P}_s = |\bar{I}|^2 - \frac{1}{N}\hat{\sigma}^2 \qquad (5-8)$$

综上,可以用式(5 − 9)估计信号的载噪比,其中 T_{coh} 为相干累积时间。

$$C/N_0 = \frac{\hat{P}_s}{T_{coh}\hat{P}_n} \qquad (5-9)$$

接下来对式(5 − 9)的误差进行分析。取极限误差为标准差的 3 倍,可以得到信号功率估计值的极限误差为 $\pm 3\sigma^2/N$。经过推导噪声功率估计的极限误差为

$$\delta_n = \pm 3\sigma^2 \sqrt{2N/(N-1)^2} \qquad (5-10)$$

根据误差传播定律,载噪比估计的相对误差可以表示为

$$\varepsilon = \pm \frac{\sqrt{\left(\dfrac{\delta_s}{\hat{P}_n}\right)^2 + \left(\dfrac{\hat{P}_s\delta_n}{\hat{P}_n^2}\right)^2}}{\hat{P}_s/\hat{P}_n} = \pm \sqrt{\left(\dfrac{\delta_s}{\hat{P}_s}\right)^2 + \left(\dfrac{\delta_n}{\hat{P}_n}\right)^2} \qquad (5-11)$$

假定信号载噪比为 45dBc,则 1ms 累加后的信噪比为 15dB,那么信号能量约是噪声能量的 31.62 倍。假定噪声能量的估计是准确的,此时载噪比估计的相对误差为:

$$\varepsilon_{45dB \cdot Hz} = \pm 3 \sqrt{\frac{1}{1000N^2} + \frac{2N}{(N-1)^2}} \qquad (5-12)$$

可以求得当 $N > 18$ 时载噪比估计的相对误差小于 0.2dB,因此只要多取一些累加值就可以达到较高的估计精度。

图 5 − 3 给出了 TMBOC(6,1,4/33)信号功率谱不对称示意图,参数 A 取为 −20dB。

图 5 − 4 ~ 图 5 − 6 给出了不同参数 A 条件下 TDDM − BOC(14,2)、BPSK(10)和 TMBOC(6,1,4/33)信号的相关峰。从相关峰可以看到,

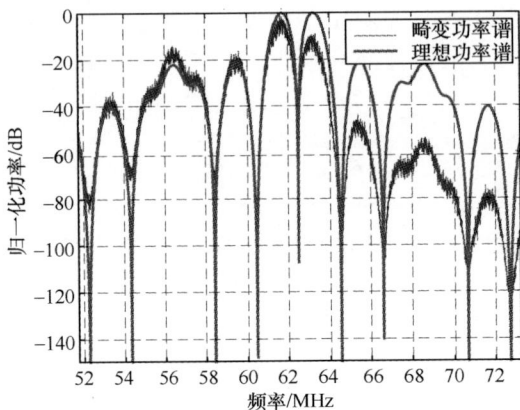

图 5 - 3   功率谱不对称畸变示意图

三种信号相关峰都出现了不同程度的畸变,但是对称性保持较好;从鉴相曲线中可以看出锁定点没有出现较大偏差。

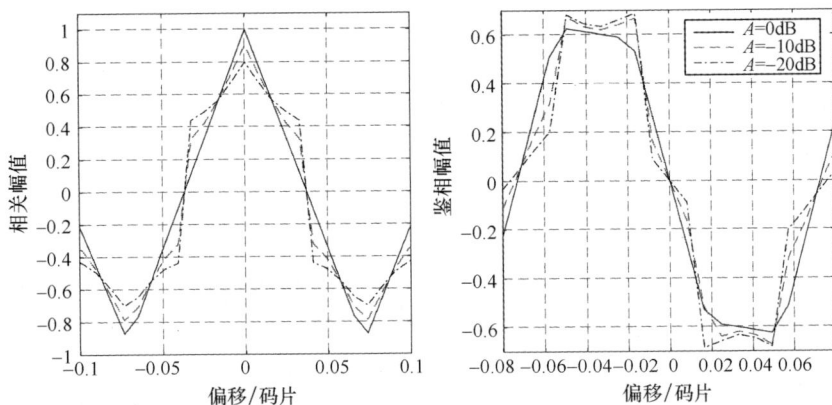

图 5 - 4   功率谱畸变下 TDDM - BOC(14,2)信号相关峰与鉴相曲线

图 5 - 7 给出了不同功率谱畸变情况下的相关损耗,从图中可以看出,随着不对称度的增加,信号的相关损耗不断增大。图 5 - 8 给出了不同相关器间隔和功率谱畸变下 BPSK(10)信号的误差曲线,从图中可以看出,随着功率谱不对称度的增大,信号的跟踪误差也在增大,但是通过选取合适的相关器间隔有助于减小功率谱不对称的影响。

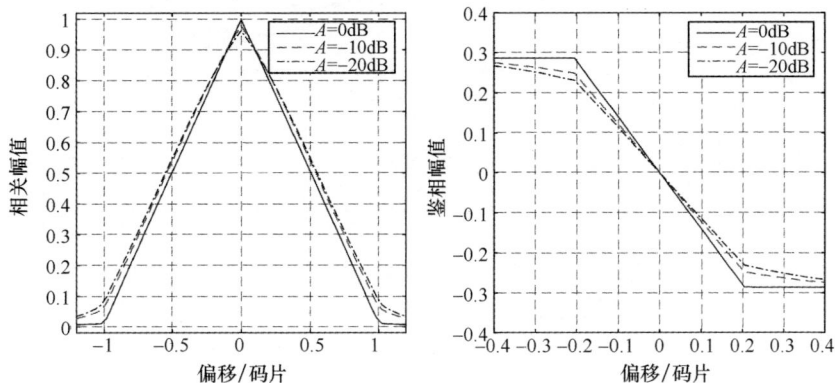

图 5 – 5　功率谱畸变下 BPSK(10)信号相关峰与鉴相曲线

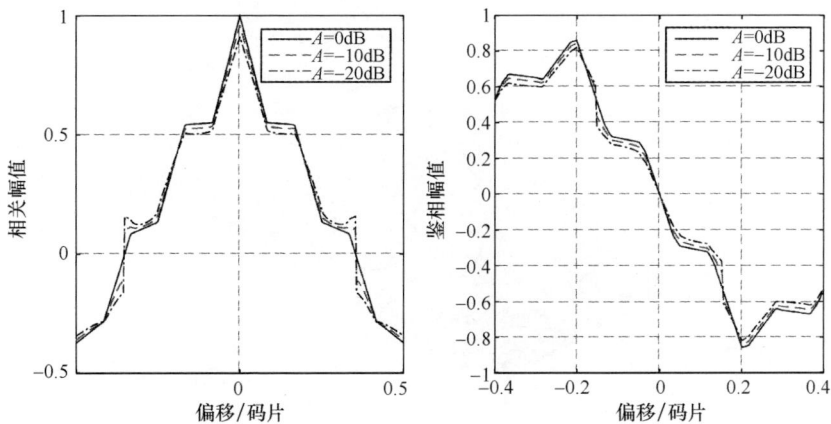

图 5 – 6　功率谱畸变下 TMBOC(6,1,4/33)信号相关峰与鉴相曲线

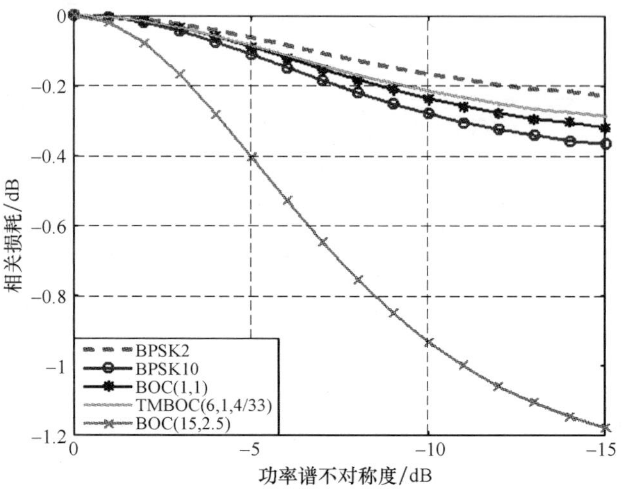

图 5-7　功率谱畸变下的相关损耗

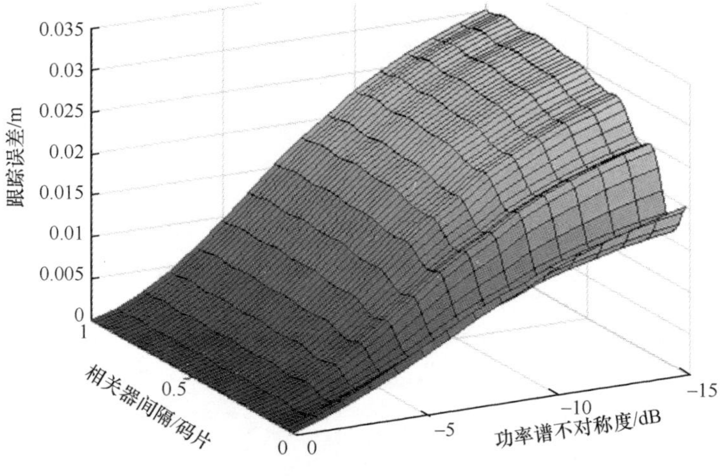

图 5-8　功率谱畸变下 BPSK(10)信号的跟踪误差

5.2　时域畸变影响评估

自从 1993 年 GPS 的 SV19 卫星出现故障,人们对 GNSS 信号故障模型展开了大量的分析研究。Robert E. P 博士在其论文中提出了"2nd – order Step"(2OS)模型描述码片畸变特性,Andy Jakab 也对信号的有害畸变进行了研究。以上研究将可能的故障信号归纳为三种类型:数字畸变、模拟畸变和混合畸变。

数字畸变主要产生于卫星信号生成单元的数字电路部分。其产生原因主要是电子器件的响应存在一定的延迟,从而使得码片正负码波形宽度不一致。码片边缘的超前和滞后量通常的取值范围为[– 0. 12,0. 12]码片。图 5 – 9 给出了码片下降沿滞后 0. 2 码片的情况,其中实线表示受到数字畸变的信号而虚线表示理想信号。数字畸变独立于模拟电路,会使接收信号相关峰扩展和平移,对信号的跟踪产生较大影响。

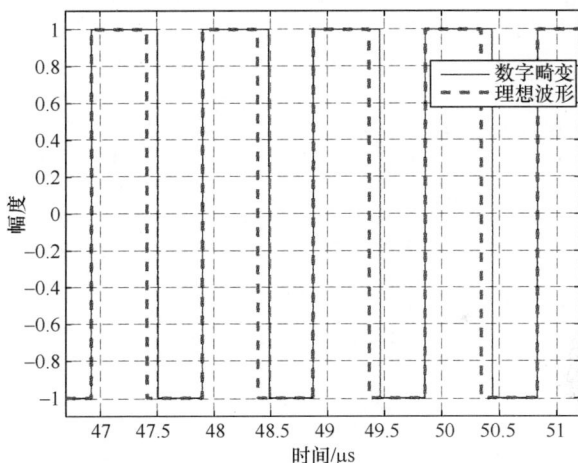

图 5 – 9　数字畸变示意图

模拟畸变是由卫星及接收端模拟器件的非理想特性造成的,会使得码片波形幅度振荡,自相关峰曲线扭曲变形,对信号的测距性能造成影响。模拟失真独立于数字失真,常常采用"振铃"来模拟输入信号的模拟失真模式,具体可以用 2 个参数(振荡的衰减频率 f_d 和衰减阻尼因子 σ)来描述:

$$e(t) = \begin{cases} 0 & t \leq 0 \\ 1 - e^{-\sigma t}\left[\cos\omega_d t + \dfrac{\sigma}{\omega_d}\sin\omega_d t\right] & t \geq 0 \end{cases} \quad (5-13)$$

振荡衰减频率 f_d 的取值通常在 $3 \sim 14\,\text{MHz}$ 以内,而衰减阻尼因子的取值区间为 $0.8 \sim 8.8$。图 5 – 10 给出了在不同参数取值条件下基带波形的畸变,实线代表受到模拟畸变的信号,虚线代表理想信号。对比几张图可以看出:若 f_d 相同,σ 的值越大,则波形抖动幅度趋于零的速度越快;若 σ 相同,f_d 的值越大,则波形抖动频率越快。

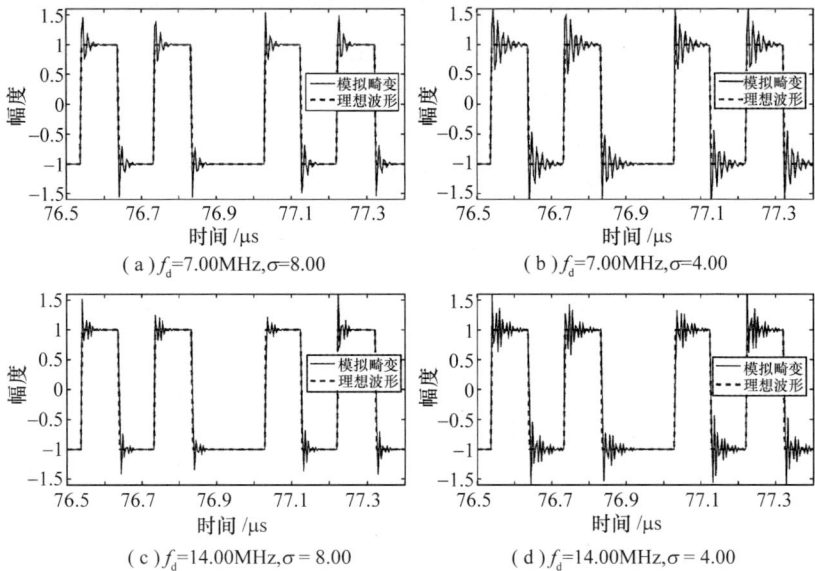

（a）f_d=7.00MHz,σ=8.00   （b）f_d=7.00MHz,σ=4.00

（c）f_d=14.00MHz,σ=8.00   （d）f_d=14.00MHz,σ=4.00

图 5 – 10   模拟畸变示意图

混合畸变是数字畸变和模拟畸变的混合,也是实际中可能会发生的情况。图 5 – 11 给出了混合畸变的基带波形。

下面分别就数字畸变和模拟畸变对信号测距性能的影响进行分析。

5.2.1   数字畸变

图 5 – 12 ~ 图 5 – 14 给出三种信号在不同数字畸变下的相关峰和鉴相曲线。可以看到,数字畸变造成了信号相关峰的平顶,并使BPSK(10)和 TMBOC 信号的相关曲线发生了平移,这使得跟踪环路的锁定点发生偏差,严重影响信号的测距准确性。图 5 – 15 给出了数字畸变对相关损耗的影响,随着数字畸变的增大,信号的相关损耗呈线性

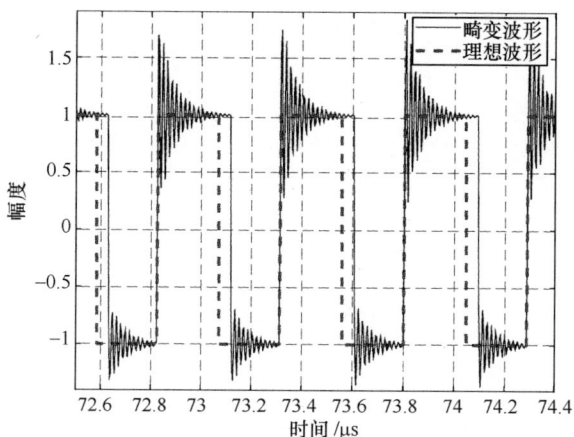

图 5 - 11　混合畸变示意图（$d = 0.20, f_\mathrm{d} = 14.00\mathrm{MHz}, \sigma = 4.00$）

增加。图 5 - 16 给出了数字畸变对码跟踪精度的影响，三种信号的码跟踪误差随着数字畸变的增大均呈线性增加的趋势，并且数字畸变对三种信号造成的跟踪偏差基本处于同一水平。数字畸变对信号的测距性能影响显著，在 GNSS 信号质量监测与评估过程中需要重点关注。

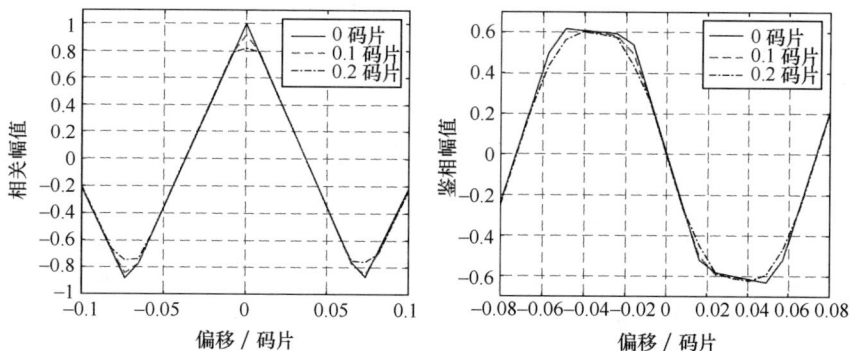

图 5 - 12　数字畸变下 TDDM - BOC(14,2)信号的相关峰与鉴相曲线

5.2.2　模拟畸变

对于模拟畸变，分别考察模拟畸变模形式(5 - 13)中的两个参数对信号测距性能的影响。图 5 - 17 ~ 图 5 - 19 给出了不同阻尼系数下

123

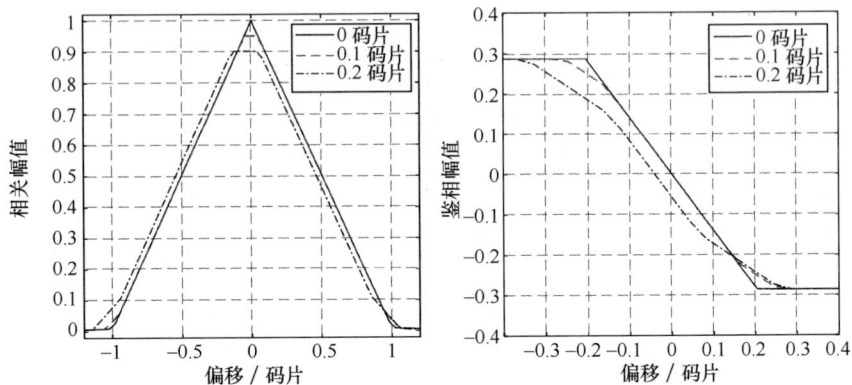

图 5 - 13　数字畸变下 BPSK(10)信号相关峰与鉴相曲线

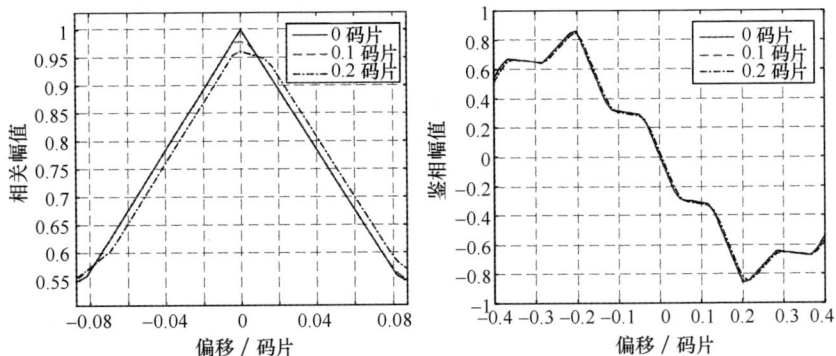

图 5 - 14　数字畸变下 TMBOC(6,1,4/33)信号相关峰与鉴相曲线

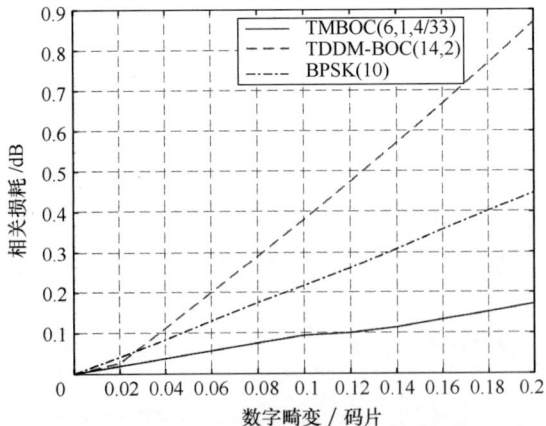

图 5 - 15　数字畸变下信号的相关损耗

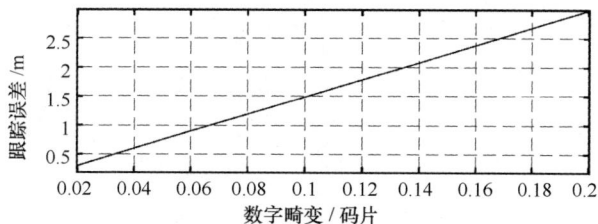

（a）数字畸变下 TMBOC(6,1,4/33) 跟踪误差

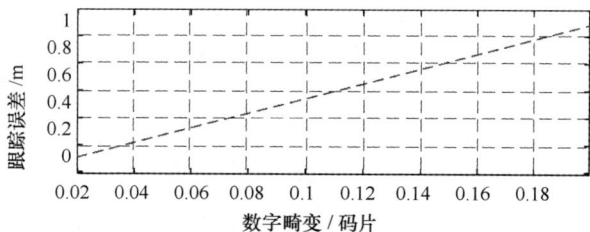

（b）数字畸变下 TDDM-BOC(14,2) 跟踪误差

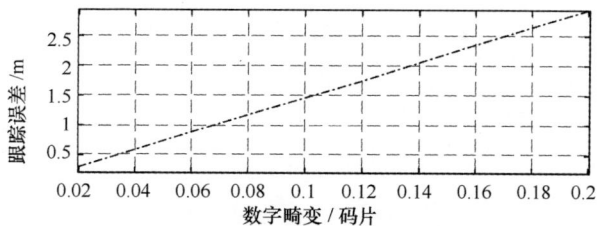

（c）数字畸变下 BPSK(10) 跟踪误差

图 5－16　数字畸变下信号的跟踪误差

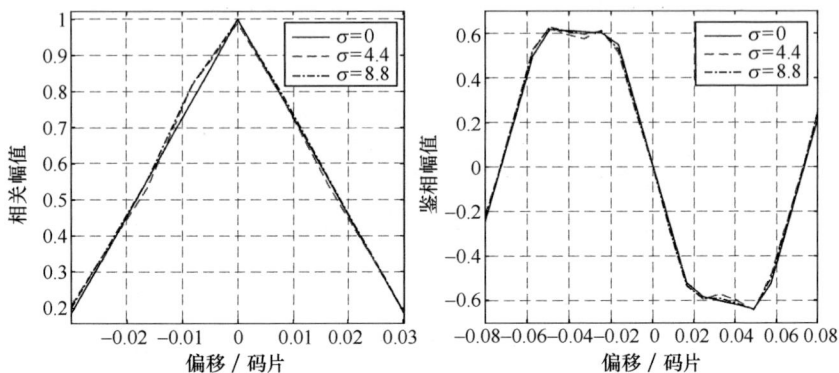

图 5 - 17　模拟畸变下 TDDM - BOC(14,2)信号的相关峰与鉴相曲线

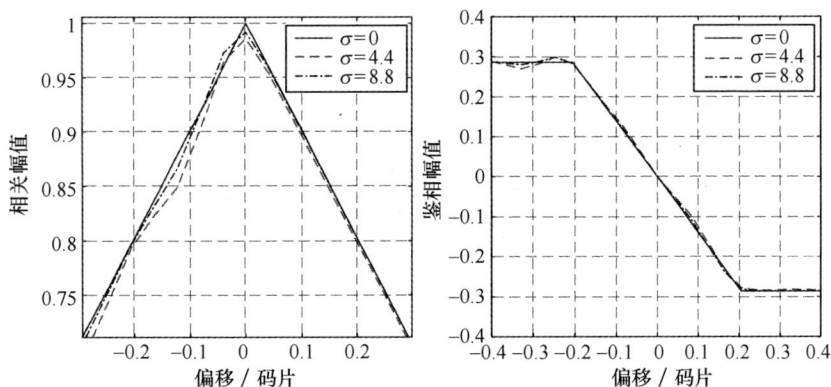

图 5 - 18　模拟畸变下 BPSK(10)信号的相关峰与鉴相曲线

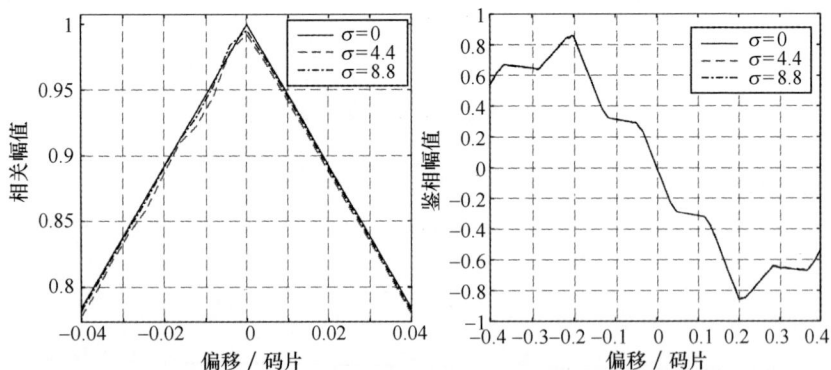

图 5 - 19　模拟畸变下 TMBOC(6,1,4/33)信号的相关峰与鉴相曲线

信号的相关峰和鉴相曲线,振荡频率取 6MHz。从图中可以看到,畸变发生在相关峰的一侧导致了相关峰的不对称,但是从鉴相曲线上看似乎并未带来太大的锁定点偏差。不同振荡频率下信号的相关峰畸变与此类似,此处不再给出。图 5 - 20 (振荡频率取 6MHz)和图 5 - 21 (阻

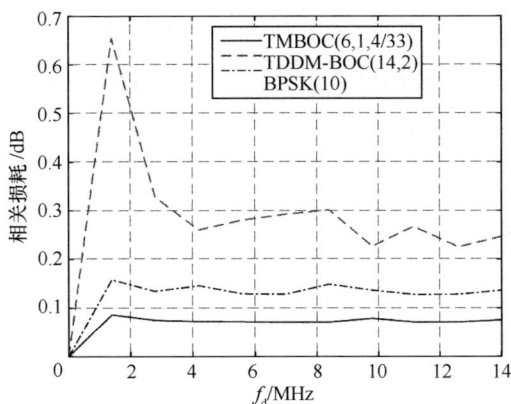

图 5 - 20　不同 f_d 带来的相关损耗

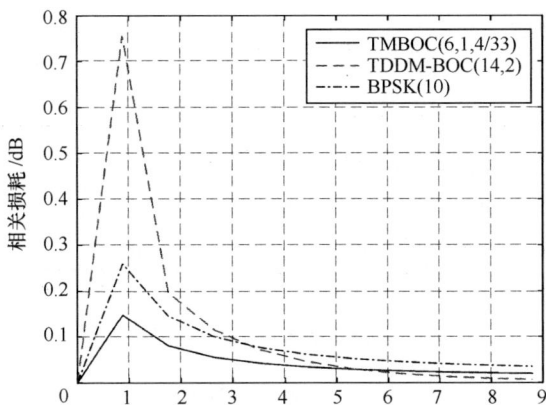

图 5 - 21　不同 σ 带来的相关损耗

尼系数取2)给出了不同条件下的相关损耗曲线:振荡频率对信号相关损耗影响较小;阻尼系数越大,信号的相关损耗越小。图5－22和图5－23给出了不同条件下信号的跟踪误差,图5－22模拟畸变的震荡频率取6MHz,图5－23模拟畸变的阻尼系数取2。可以看到,模拟畸变造成了较大的跟踪误差:随着振荡频率的增加,模拟畸变对测距性能的影响将减小;随着阻尼系数的增加,不同信号间表现出了不同的特性,都保持了较大的测距误差。

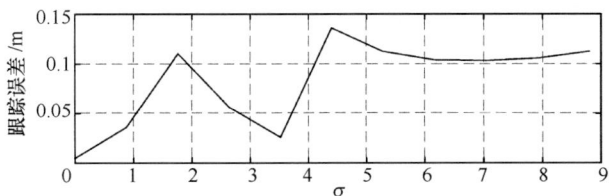

（a）模拟畸变下 TMBOC(6,1,4/33) 跟踪误差

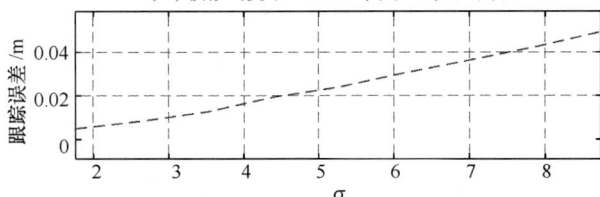

（b）模拟畸变下 TDDM-BOC(14,2) 跟踪误差

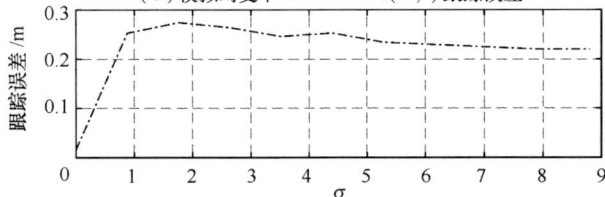

（c）模拟畸变下 BPSK(10) 跟踪误差

图 5－22　不同 σ 下的跟踪误差

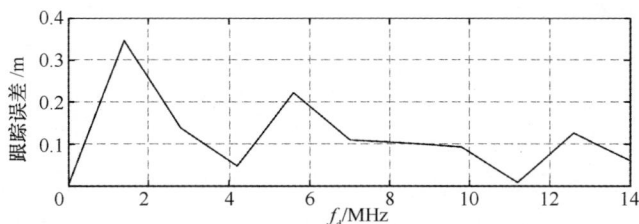

（a）模拟畸变下 TMBOC(6,1,4/33) 跟踪误差

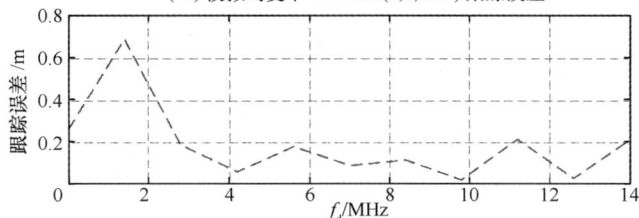

（b）模拟畸变下 TDDM-BOC(14,2) 跟踪误差

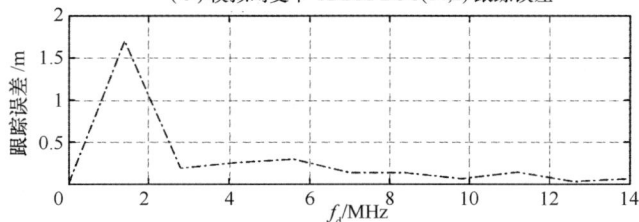

（c）模拟畸变下 BPSK(10) 跟踪误差

图 5 - 23　不同 f_d 下的跟踪误差

5.3　调制域畸变影响评估

卫星导航系统常常利用两个正交的载波在同一个频点上发射两路信号。对于只使用单路信号的一般用户而言，I/Q 支路正交性对信号测距性能的影响较小，只是可能造成信号信噪比的略微下降；而对于联合载波进行跟踪的用户，I/Q 支路的正交误差会带来载波相位的跟踪偏差，降低伪码的跟踪精度，从而对信号的测距性能产生影响。

调制域畸变主要考察载波相位偏差和幅度调制不平衡对测距性能的影响。

1. 载波相位相对偏差

载波相位相对偏差衡量的是同频点两路信号之间的正交性。为了得到高精度的测量结果,需要对两路信号分别独立地进行跟踪。在两个跟踪环路达到稳态时,将两个接收机输出的载波相位值相减即可得到载波相位误差的估计值。

在接收信号时采用高精度的采集设备,ADC 位数可以达到 8 位甚至更高,因此量化误差可以忽略。在软件处理过程中采用双精度浮点数对信号进行计算,计算误差可以忽略,下面考虑噪声的影响。忽略接收装置运动和机械颤动的影响,载波环路跟踪误差可以用热噪声均方差 σ_{tPLL} 和艾伦均方差 $\sigma_A(\tau)$ 引起的均方差 σ_A 表示:

$$\sigma_i = \sqrt{\sigma_{tPLL}^2 + \sigma_A^2} \quad (5-14)$$

$$\sigma_{tPLL} = \frac{180°}{\pi}\sqrt{\frac{B_L}{C/N_0}\left(1 + \frac{1}{2T_{coh} \cdot C/N_0}\right)} \quad (5-15)$$

$$\sigma_A = 360°\frac{c}{\lambda_1}T_{coh}\sigma_A(\tau) \quad (5-16)$$

式中:C/N_0 为信号载噪比;T_{coh} 为相干累积时间;B_L 为环路带宽;c 为光速;λ_1 为信号波长。

假设取环路带宽为 1Hz,信号载噪比为 50dBc,相关积分时间为 1ms,艾伦均方差为 10^{-10},则信号载波相位跟踪误差在 0.2°以内,得到的载波相位相对偏差误差小于 0.4°。

2. 幅度调制平衡度

对于幅度调制平衡度的计算需要作一些推导。假设信号载波频率为 ω_c,初相为 φ_0,载波相位偏差为 φ',幅度调制不平衡度为 g,则接收信号模型为:

$$s(t) = I_R(t)\cos\left(\omega_c t + \varphi_0 + \frac{\varphi'}{2}\right) - gQ_R(t)\sin\left(\omega_c t + \varphi_0 - \frac{\varphi'}{2}\right) \quad (5-17)$$

假设本地同相载波环路已经达到稳定跟踪状态,对载波相位偏差的估计为 $\hat{\varphi}'$,此时 $\hat{\varphi}' \approx \varphi'$ 则接收信号与本地同相和正交两路载波相乘

并滤波得到

$$I_i = s(t) \cdot \cos\left(\omega_c t + \varphi_0 + \frac{\hat{\varphi}'}{2}\right)$$

$$= \frac{1}{2}\left[I_R(t)\cos\frac{\varphi' - \hat{\varphi}'}{2} + gQ_R(t)\sin\frac{\varphi' + \hat{\varphi}'}{2}\right]$$

$$\approx \frac{1}{2}\left[I_R(t) + gQ_R(t)\sin\varphi\right] \qquad (5-18)$$

$$Q_i = s(t) \cdot \sin\left(\omega_c t + \varphi_0 + \frac{\hat{\varphi}'}{2}\right)$$

$$= -\frac{1}{2}\left[I_R(t)\sin\frac{\varphi' - \hat{\varphi}'}{2} + gQ_R(t)\cos\frac{\varphi' + \hat{\varphi}'}{2}\right]$$

$$\approx -\frac{1}{2}gQ_R(t)\cos\varphi \qquad (5-19)$$

式中:φ 近似为对码相位偏移的估计,在载波相位偏差测量中可以得到。

根据式(5-18)和式(5-19)可以得到幅度调制不平衡度的计算公式

$$g = -\frac{1}{\left(\dfrac{I_i}{Q_i} + \tan\varphi\right)\dfrac{Q_R}{I_R}} \qquad (5-20)$$

假定噪声功率为 σ^2,实际两支路信号幅度比为 1,经推导 I_i/Q_i 的极限噪声误差为

$$\delta_i = \pm 3\sqrt{\frac{\sigma^2}{N}\left(\frac{1}{Q_i^2} + \left(\frac{I_i}{Q_i^2}\right)^2\right)} \qquad (5-21)$$

则 g 的相对误差可以表示为

$$\varepsilon = \frac{\sqrt{\delta_i^2 + \left(\dfrac{\delta_\varphi}{\cos^2\varphi}\right)^2}}{I_i/Q_i + \tan\varphi} \qquad (5-22)$$

由于载波相位偏差通常很小,当信噪比为 20dB,N 取 20 时,g 的测量精度将优于 0.2dB。

3. EVM

EVM(Error Vector Magnitude)即在给定时刻理想无误差信号与实际接收信号间的矢量差。为了得到理想无误差信号,首先对接收到的信号进行解调、解扩,然后再按照相应的信号生成方式对解调处理的比特进行扩频和调制,重现发射端信号。重现信号即为参考信号。最后将参考信号和接收到的矢量信号做矢量差并求统计平均,即得到 EVM 值。相应的计算公式如下:

$$EVM_{RMS} = 100\% \times \sqrt{\frac{\frac{1}{N}\sum_{i=1}^{N}(\mid I_i - I_{ref}\mid + \mid Q_i - Q_{ref}\mid)}{S_{max}^2}}$$

$$(5-23)$$

式中:I_i 和 Q_i 为接收信号而 I_{ref} 和 Q_{ref} 为参考信号;S_{max} 为理想信号星座图最远状态的矢量幅度。

从模型上进行分析,幅度调制不平衡主要影响的某条支路信号的信噪比,即只会影响相关峰的相关损耗而不会对信号相关曲线形状造成畸变,因而不会带来测距误差。载波正交性出现偏差则会使得在处理过程中其他支路的信号进入本支路,带来较大的系统内干扰,需要对该要素对测距性能的影响进行分析。

本小节采用具有同相正交支路的 TD – AltBOC(15,10)信号进行

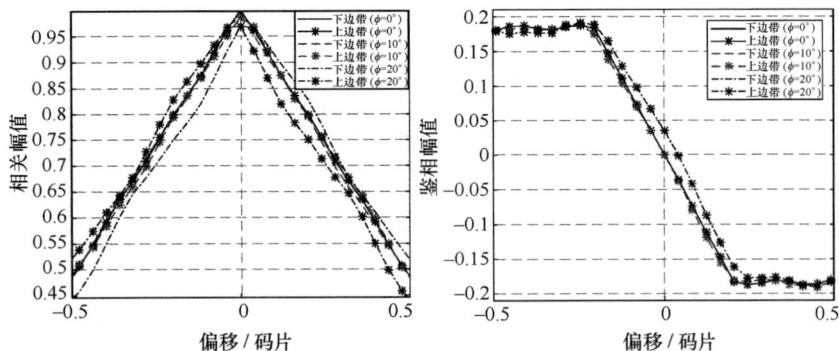

图 5 – 24   不同载波相位相对偏差下 TDAltBOC(15,10)
信号的相关峰与鉴相曲线(见书末彩插)

仿真,分别对信号的上(Up)、下(Down)两个边带进行分析。图 5 - 24
给出了载波相位偏差对信号相关峰的影响。可以看到,载波相位相对
偏差的越大,信号相关峰畸变越严重,不对称情况加剧,其鉴相曲线的
锁定点偏差也会增大。图 5 - 25 给出了载波相位相对偏差对相关损耗
的影响。图 5 - 26 给出了载波相位相对偏差对跟踪精度的影响,可以
看到,随着载波相位相对偏差的增大,信号的跟踪误差大致呈线性增
长,且信号的跟踪误差增长较快。

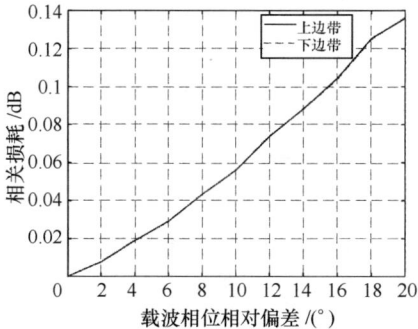

图 5 - 25　TD - AltBOC(15,10)
信号相关损耗

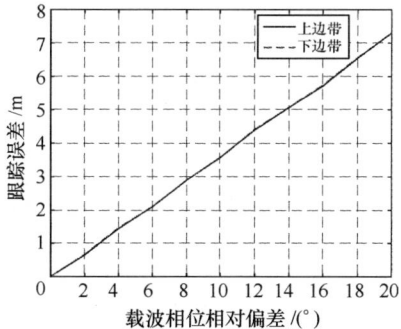

图 5 - 26　TD - AltBOC(15,10)
信号跟踪误差

5.4　多径干扰影响评估

不同于其他形式的干扰,多径效应会带来严重的相关峰畸变,对信
号的测距性能影响显著,因此本小节对多径干扰的影响进行分析。

图 5 - 27 和图 5 - 29 给出了不同信号在相同反射路径时延(0.4
码片)、不同反射衰减条件下的相关曲线和鉴相曲线。多径对
BPSK(10)和 TMBOC 信号的相关峰产生了非常大的畸变,将会造成较
大的跟踪误差;而 TDDM - BOC(14,2)信号的相关曲线受多径干扰的
影响相对较小,在多径干扰下依然保持了较好的对称性。图 5 - 30 和
图 5 - 31 分别给出了信号相关损耗和多径时延及反射信号衰减之间的
关系。多径信号降低了原始信号的信噪比,使相关损耗略有下降;反射
信号的衰减越小(取值越大),信号受到的干扰越大,因而相关损耗也
越大。图 5 - 32 和图 5 - 33 给出了在不同反射衰减和多径时延条件下

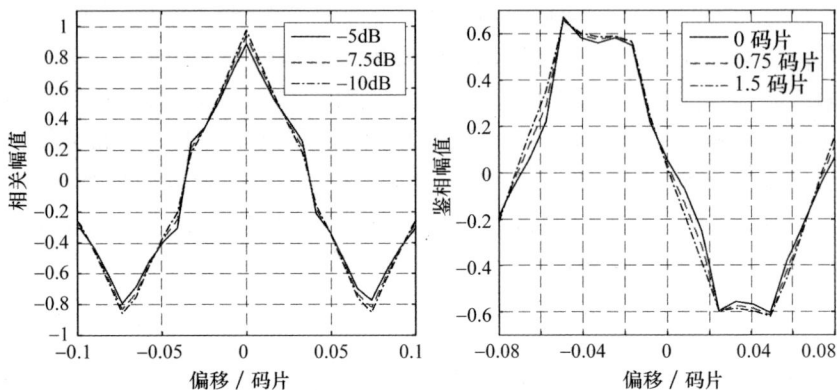

图 5 - 27   多径环境下 TDDM - BPSK(14,2)信号的相关峰与鉴相曲线

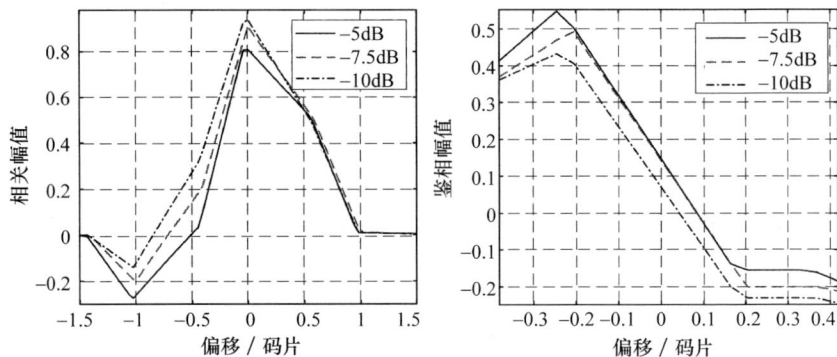

图 5 - 28   多径环境下 BPSK(10)信号的相关峰与鉴相曲线

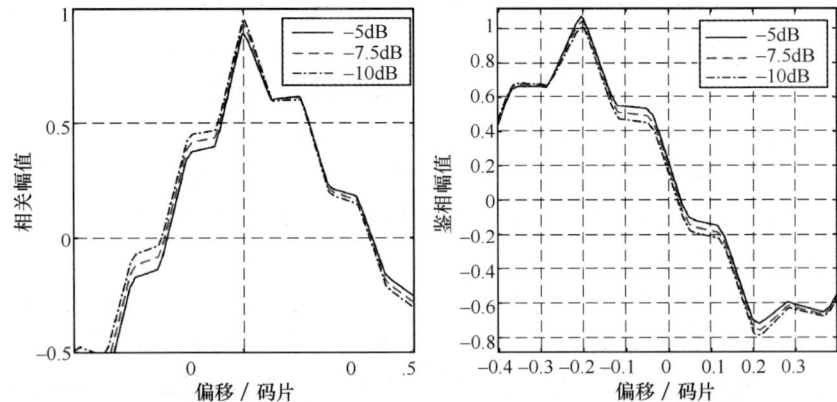

图 5 - 29   多径环境下 TMBOC(6,1,4/33)信号的相关峰与鉴相曲线

信号的跟踪误差,其中图 5 - 32 固定取多径时延为 0.4 码片,图 5 - 33
固定取反射衰减为 - 8dB。从图中可以看到,反射信号的衰减越小,信
号的跟踪误差也就越大;一个码片范围内的多径时延小于 1 个码片时
会对信号产生较大影响,而多径时延大于一个码片时对信号的影响
较小。

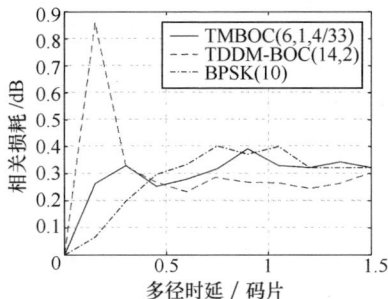

图 5 - 30 不同多径时
延下的相关损耗

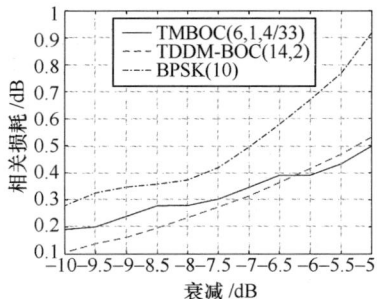

图 5 - 31 不同反射
衰减下的相关损耗

本章以北斗全球信号可能将要采用的 BPSK(10),TDDMBOC(14,2),
TMBOC(6,1,1/11) 以及 TD - AltBOC(15,10) 等信号为例,仿真分析了
信号功率谱畸变、码片波形数字畸变和模拟畸变、载波相位偏差以及多
径干扰对信号相关峰、鉴相曲线、相关损耗和跟踪精度的影响。通过仿
真发现功率谱畸变对信号测距性能的影响较小;数字畸变和模拟畸变
都会对信号的测距性能造成不可忽略的影响,其中数字畸变造成的影
响尤为严重;在载波相位偏差较小的情况下(例如小于 2°),对
TD - AltBOC信号造成的跟踪误差小于 0.5m,而随着载波相位偏差的
增加,信号的跟踪误差也快速增大;反射时延在一个码片内的多径干扰
对信号跟踪性能造成的影响也不容忽视,这就要求在信号接收、采集时
需要采用一些手段对多径信号进行抑制。

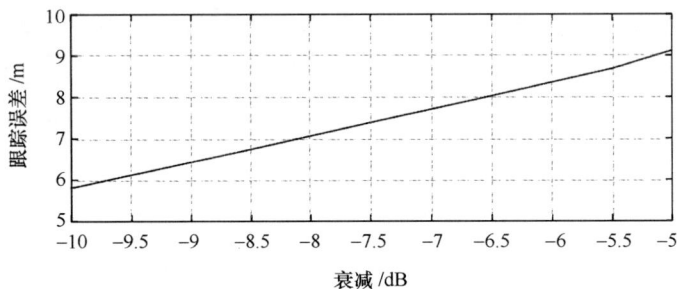

（a）多径干扰下 TMBOC(6,1,4/33) 跟踪误差

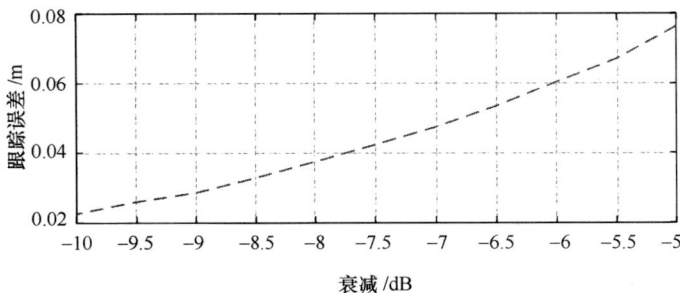

（b）多径干扰下 TDDM-BOC(14,2) 跟踪误差

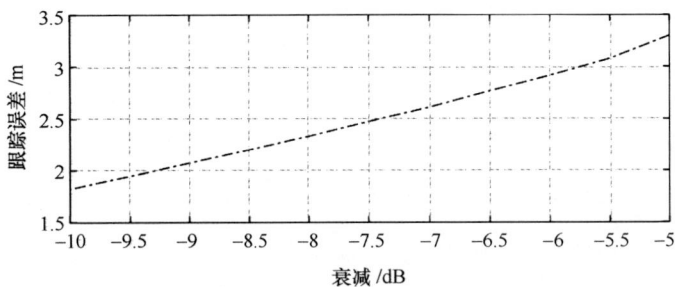

（c）多径干扰下 BPSK(10) 跟踪误差

图 5 - 32　不同反射衰减下的跟踪误差

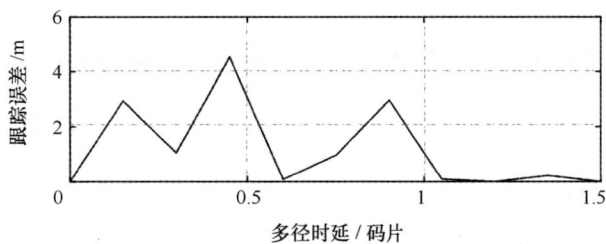

（a）多径干扰下 TMBOC (6,1,4/33) 跟踪误差

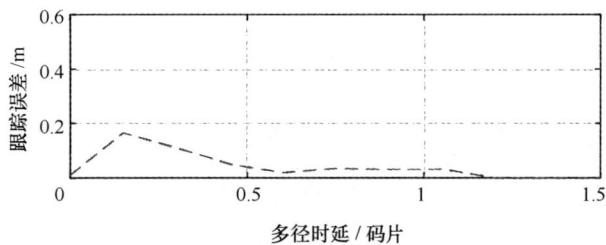

（b）多径干扰下 TDDM-BOC (14,2) 跟踪误差

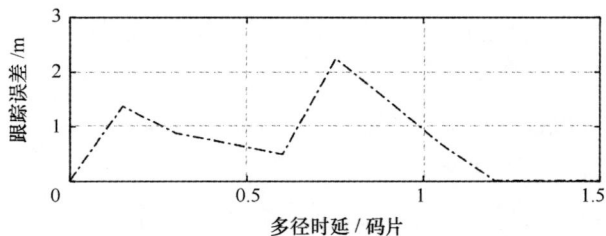

（c）多径干扰下 BPSK (10) 跟踪误差

图 5 - 33　不同多径时延下的跟踪误差

第6章 GNSS 信号性能分析软件

本章将首先介绍所设计的 GNSS 信号模拟软件和 GNSS 信号性能分析软件,给出每个软件的结构和使用方法。6.2 节将利用信号质量评估软件对伽利略系统的真实信号进行分析和评估,并给出相应的评估结果。

6.1 GNSS 信号模拟软件

GNSS 信号模拟软件可以生成 BOC、AltBOC、TMBOC、CBOC、BPSK、TDDM – BOC 以及 TD – AltBOC 等多种形式的卫星导航信号。其具体的功能有:

(1)可以设置信号的采样率、中频、量化位数,能够生成任意时长、相位连续的 GNSS 信号。

(2)可以指定信号中每条支路所采用的伪码、二次码,可以设置信号导航电文的速率和二次码速率(当速率取 0 时表示不调制电文或二次码)。

(3)可以设置信号的载噪比、初始码相位偏移以及多普勒频移,可以对信号进行前端滤波。

GNSS 信号模拟软件的主程序界面如图 6 – 1 所示。

图 6 – 2 给出了 GNSS 信号模拟软件的信号生成流程。对于采样率较高、时长较长的信号,直接生成比较困难,需要分段生成该信号,同时要保证每段信号间相位的连续。

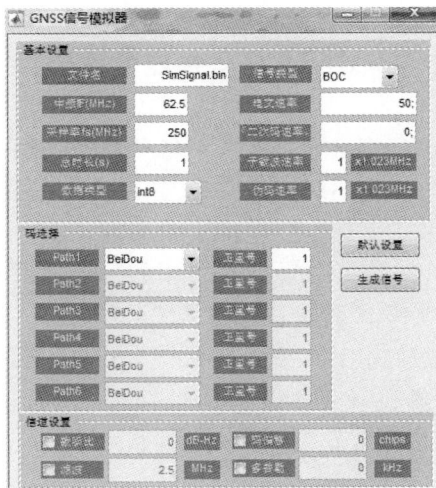

图 6-1　信号模拟软件主界面

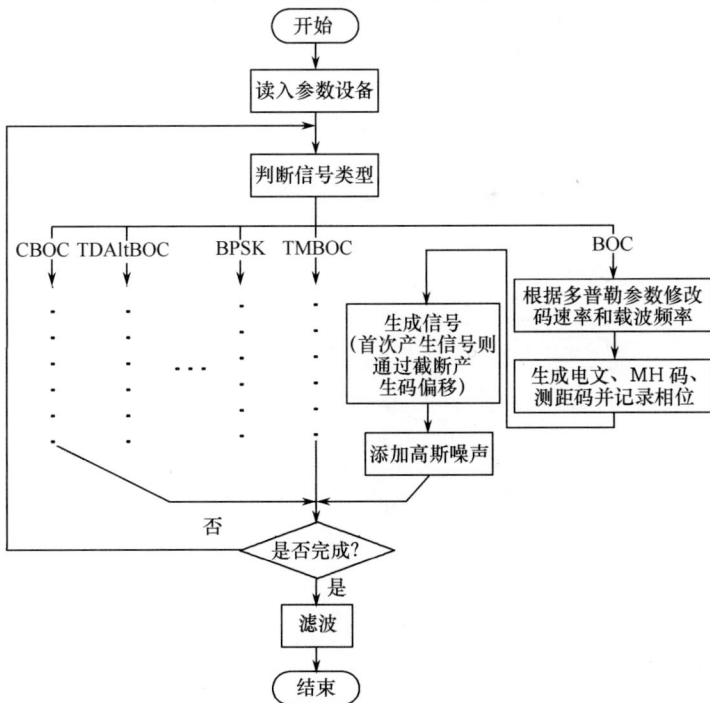

图 6-2　信号生成软件流程

6.2　GNSS 信号性能分析软件

GNSS 信号质量评估软件主要支持伽利略 E1 频点和 E5 频点信号以及北斗卫星导航系统 B1 频点和 B2 频点信号的接收处理和评估。其具体的功能有：

（1）选择输入数据文件，指定文件中的信号类型、数据类型（支持 8bit 和 16bit）、采样率、文件头长度以及数据时长。

（2）可以设置捕获门限、搜索带宽以及相干累积时长，可以选择搜索目标卫星（支持伽利略实验星 GIOVE – A 和 GIOVE – B）。可以使用"捕获模式"，即仅多次捕获信号以统计捕获概率。

（3）可以对信号进行滤波。

（4）可以完成对信号的跟踪。可以设置软件接收机通道数、环路带宽、环路阻尼系数、相关器间隔。

（5）可以绘制信号跟踪结果、功率谱、眼图、星座图、相关峰、基带信号等波形，可以计算载噪比、幅度调制不平衡度、载波相位偏差、相关损耗、S 曲线偏差等指标。

相应的参数设置界面和评估设置界面如图 6 – 3 和图 6 – 4 所示。

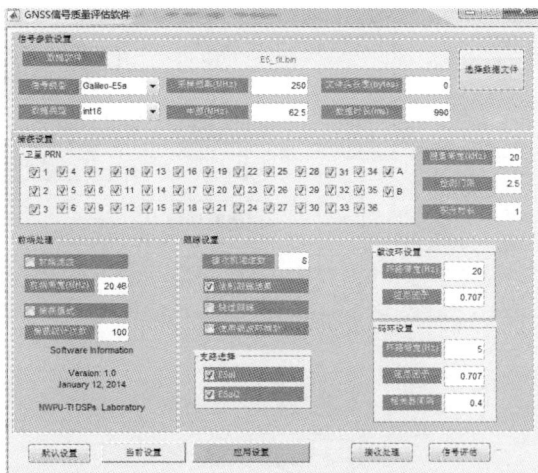

图 6 – 3　GNSS 信号质量分析软件参数设置界面

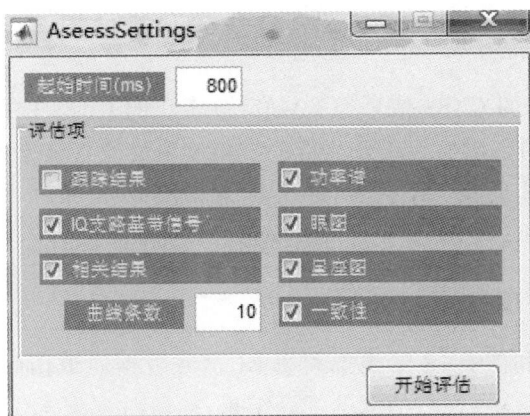

图 6 - 4　GNSS 信号质量分析设置界面

　　图 6 - 5 给出了 GNSS 信号质量评估软件的一次处理流程。在下一小节将使用该软件对实际采集的伽利略信号进行分析与评估。

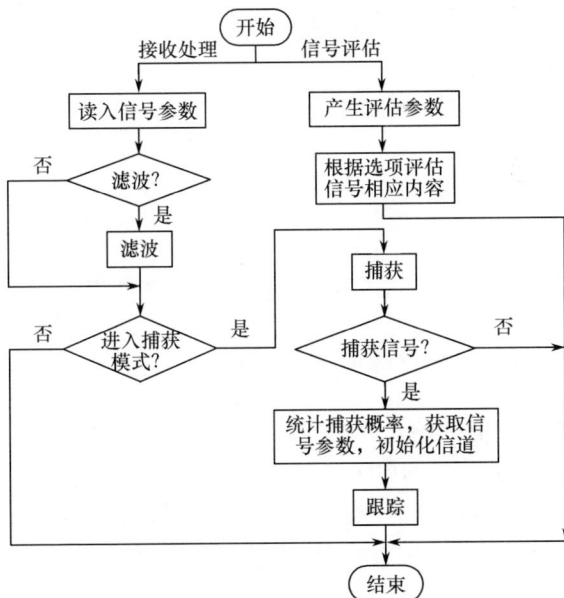

图 6 - 5　信号处理评估软件流程

141

6.3 GALILEO 信号分析结果

本节分析的 GNSS 信号为 GALILEO 系统的 E1 和 E5 频点信号,于 2015 年初利用高增益天线及相应的高精度采集设备采集得到,采用 12 号卫星的 PRN 码及 NH 码,信号中频为 62.5MHz,采样率为 250MHz, 量化位数 16bit。

6.3.1 捕获跟踪结果

图 6 - 6 和图 6 - 7 给出了利用 E1 信号数据通道伪码和 E5a 频点 信号数据通道伪码进行捕获的捕获结果,捕获时取搜索带宽为 20kHz, 门限取为 2.5,相干累计时间为一个码周期(对 E1 信号而言为 4ms,对 E5 信号而言为 1ms)。从捕获结果中可以看到,两个信号的信噪比非 常高,捕获性能好。

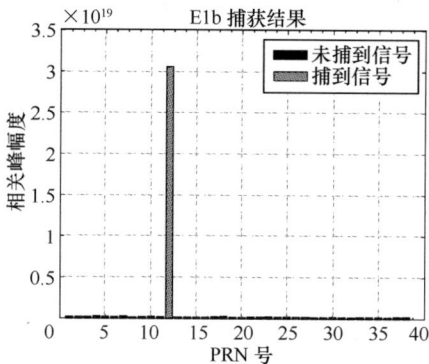

图 6 - 6 E1 频点数据通道捕获结果   图 6 - 7 E5a 频点数据通道捕获结果

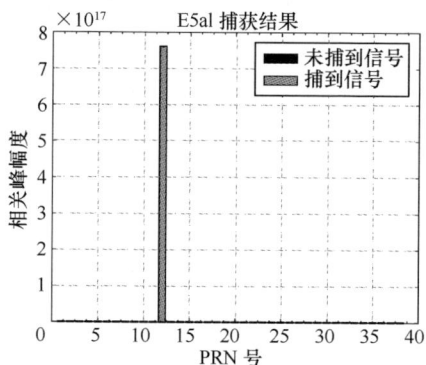

通过观察 E1 信号的功率谱发现,E1 频点上不仅调制了 CBOC(6, 1,1/11)信号,还调制了 BOC(15,2.5)信号。为了避免 BOC(15,2.5) 信号对评估造成影响,对 E1 频点信号进行带宽为 18MHz 的带通滤波, 滤波前后信号的功率谱如图 6 - 8 所示。

为了全面地验证软件的功能,利用一个信噪比较低的 GIOVE - B 实验星发射的 E5a 频点信号对软件的"捕获模式"进行测试。该信号

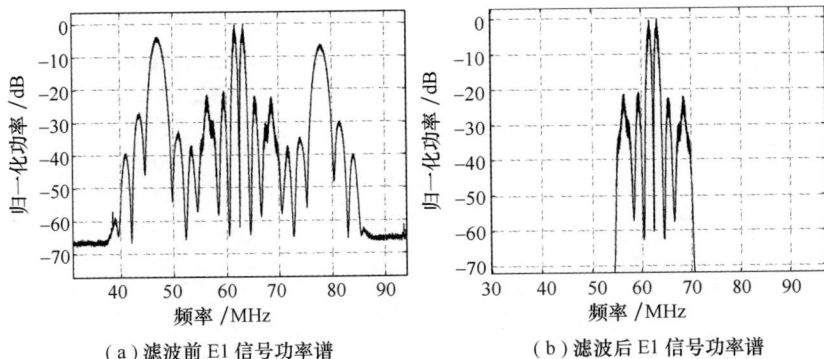

（a）滤波前 E1 信号功率谱 　　　　　　（b）滤波后 E1 信号功率谱

图 6-8　E1 信号滤波前后的功率谱

的中心频率为 37.5MHz，采样率为 150MHz，捕获门限取 2.5，相干累积时间取 2 个伪码周期（即 2ms）。图 6-9 给出了捕获统计结果，信号的捕获概率为 81%。

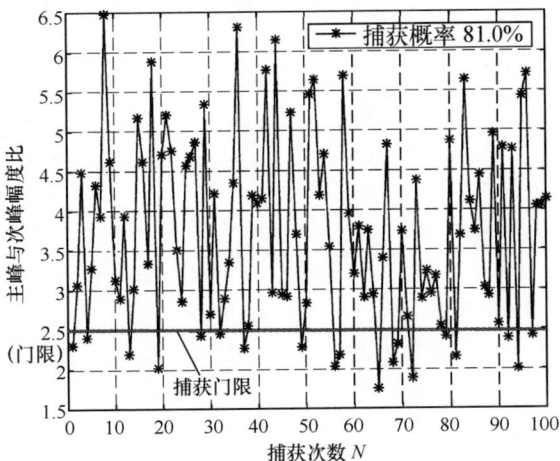

图 6-9　E5a 信号捕获概率统计

图 6-10 和图 6-11 分别给出了 E1 频点导频支路和 E5a 频点导频通道的跟踪结果。跟踪时，为了加快收敛速度，并且考虑到信号的信噪比很高，取码环带宽为 5Hz，阻尼因子为 0.707，相关器间隔为 0.2 码片；载波环路带宽为 20Hz，阻尼因子为 0.707，相关器间隔为 0.4 码片。

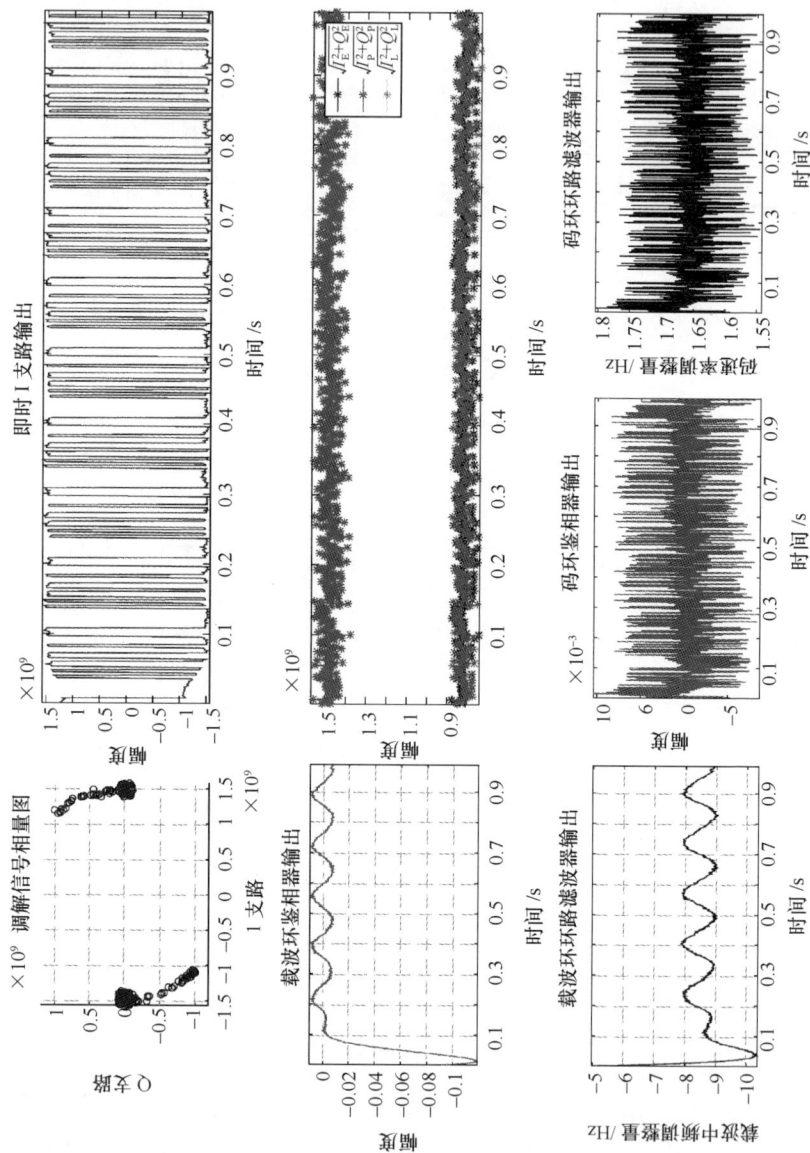

图6-10 E1c跟踪结果（见书末彩插）

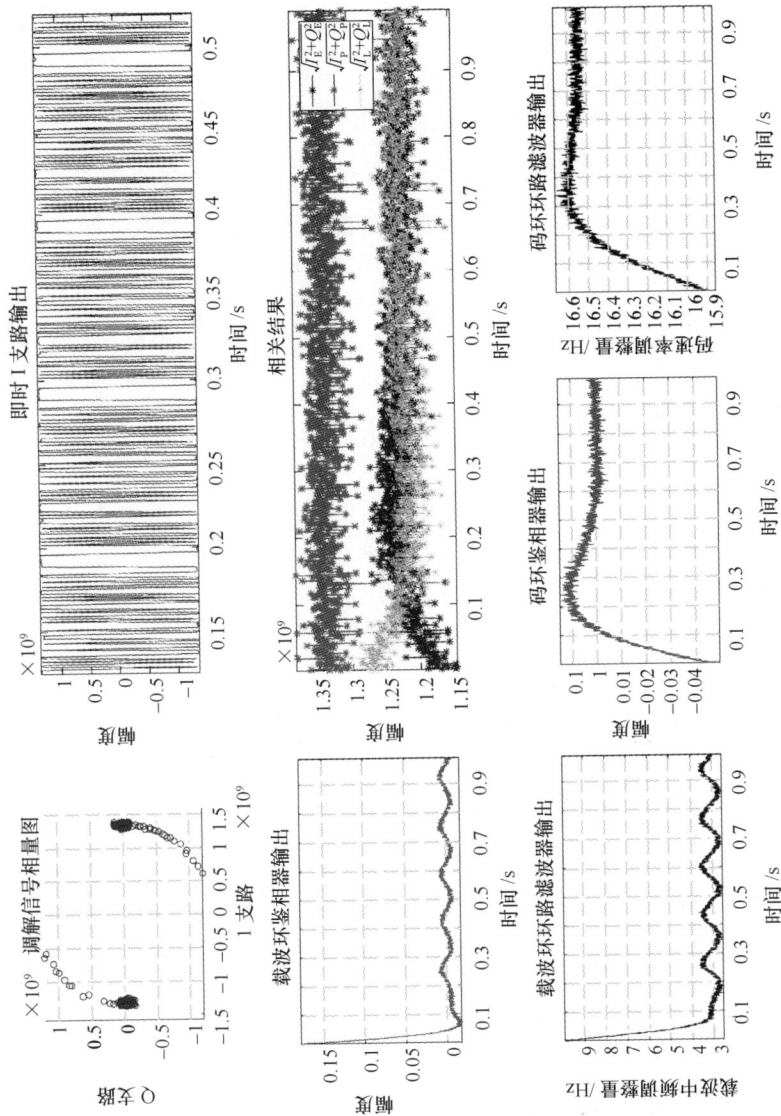

图 6-11 E5aQ 跟踪结果（见书末彩插）

从跟踪结果中看到,两路信号载波环鉴相器和码环鉴相器输出抖动都很小,解调向量散点分布集中,即时 I 支路输出的解调信号波动很小,跟踪效果好。

6.3.2 频域分析结果

分析信号功率谱时选取了 0.2s 的数据,以 1ms 的数据为一段,相邻两段有 50% 的重叠,并添加布莱克曼窗,对功率谱计算结果作归一化处理。图 6 – 12 和图 6 – 13 分别给出了 E1 频点和 E5 频点信号的功率谱,其中蓝色线为实际接收信号的功率谱而红色线为理想功率谱。E1 信号的功率谱和理想信号的功率谱拟合程度很高,经过计算两者的相关系数达到了 0.988。同时,E1 信号功率谱的平滑性、对称性都很好,没有明显的载波泄漏情况发生,信号质量较好。对于 E5 频点,E5a信号的功率谱受到了一定程度的干扰,E5b 信号没有受到明显干扰。E5 功率谱和理想信号的功率谱拟合程度略低,经过计算相关系数为0.847。信号功率谱平滑性较好,上下两个边带略微有些不对称(这是由于调制了不同的扩频码造成的,属于正常现象),没有明显的载波泄漏情况发生。

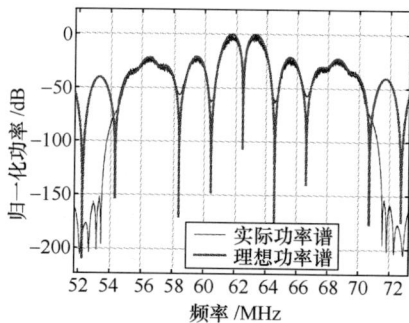

图 6 – 12　E1 信号功率谱
（见书末彩插）

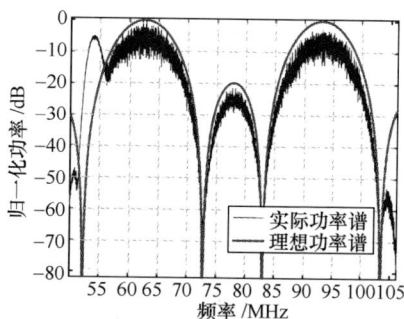

图 6 – 13　E5 信号功率谱
（见书末彩插）

6.3.3 时域分析结果

图 6 – 14 给出了 E1b 和 E1c 信号的眼图。从图中可以看出 E1 信号的子载波特征,并且眼图的张开度较好,过零点变动范围小,说明接

146

收信号对提取定时信息的影响不大,信号未受干扰的影响,信号质量好。除了码片内波形的抖动,没有明显的码片波形畸变。

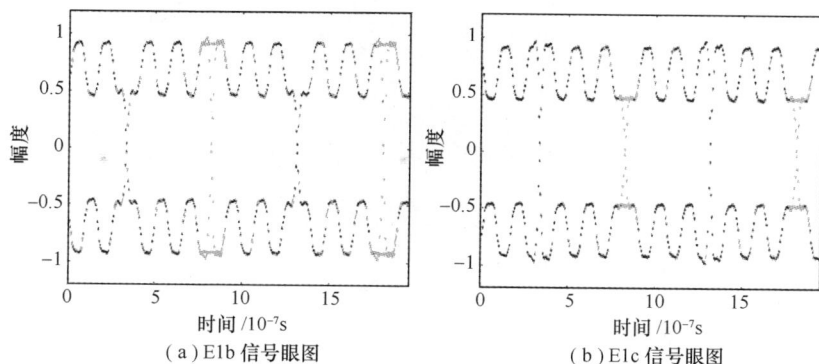

（a）E1b 信号眼图　　　　　　　（b）E1c 信号眼图

图 6-14　E1 信号眼图

图 6-15 和图 6-16 分别给出了累加处理后 E5aQ 和 E5bI 基带信号眼图。从眼图可以看到,E5aI 基带信号的眼皮较厚,包含了较大的噪声。

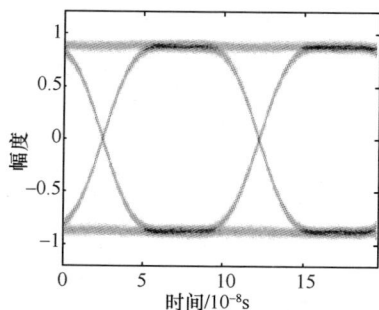

图 6-15　E5a 信号眼图　　　　　图 6-16　E5b 信号眼图

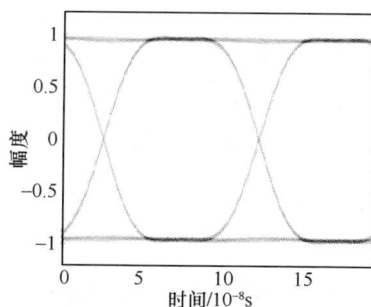

6.3.4　调制域分析结果

图 6-17 给出了 E1 信号的星座图,颜色越红代表该区域内点的密度越大,可以看出星座图的星座点分布端正,符合 E1 信号星座图的特征,经计算 EVM 值仅为 0.07,具有较好的信号质量。

E5a 和 E5b 频点信号星座图理想点的角度分别为 45°、135°、225°

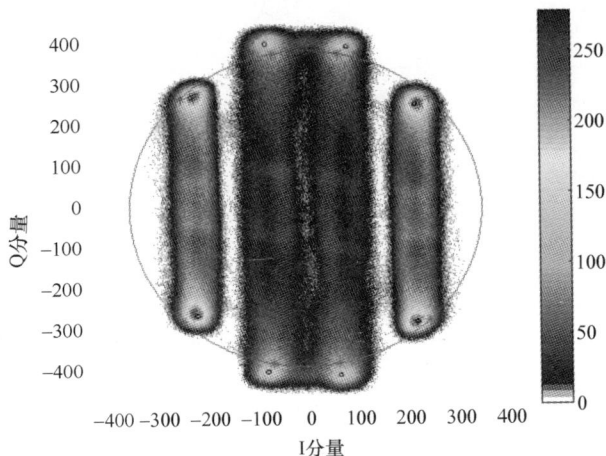

图 6-17　E1 信号星座图

和 315°。图 6-18 给出了 E5a 信号的星座图。星座图大概显示出了
E5a 信号的特征,但是由于受到干扰,星座图的发散程度较高;从载波
相位正交性和 I、Q 支路不平衡度来看,E5a 信号的载波相位调制正交
性较好。图 6-19 给出了 E5b 信号的星座图,从图中可以明显看出
E5b 信号 QPSK 调制的信号特征,且星座图的发散程度较小,散点主要
分布在理想点周围,计算得到的载波相位偏差很小,幅度调制不平衡度
接近于 1,其信号质量比 E5a 信号好。

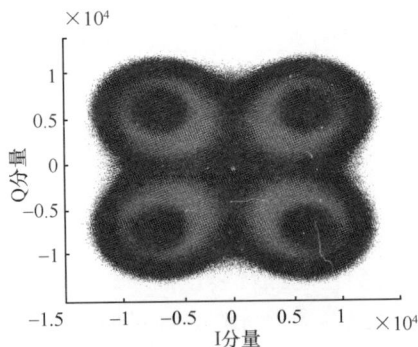

图 6-18　E5a 信号星座图

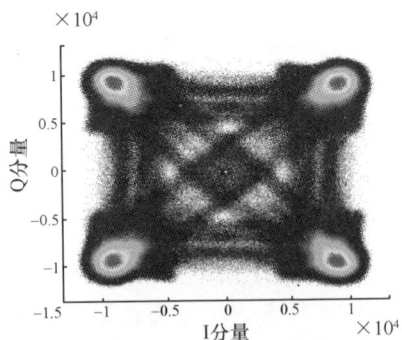

图 6-19　E5b 信号星座图

6.3.5 相关域分析结果

图 6 - 20 给出了 Galileo - 12 E1 频点信号相关域的评估结果。E1 信号的相关曲线的对称性较好,相关峰尖锐且畸变很小。相关损耗只有 - 3.112dB 和 - 3.154dB,损耗主要是由于信号能量分配给了两路信号造成的。两路信号的载噪比达到了 62.44dBc 和 62.32dBc,信号质量非常好。两路信号的 S 曲线偏差分别为 0.00287 码片和 0.00428 码片,相应的跟踪误差小于 1m,信号的跟踪精度也很高。

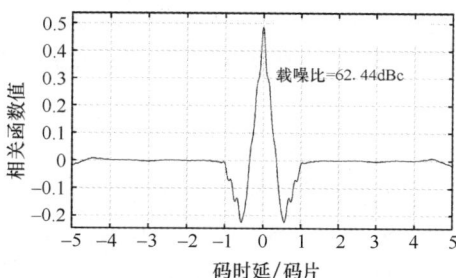

(a) E1b的相关函数,相关损耗=−3.1354dB

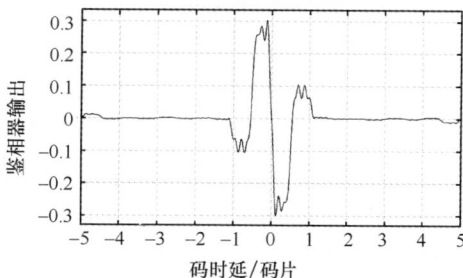

(b) E1b的鉴相曲线,S曲线偏差=0.00450码片

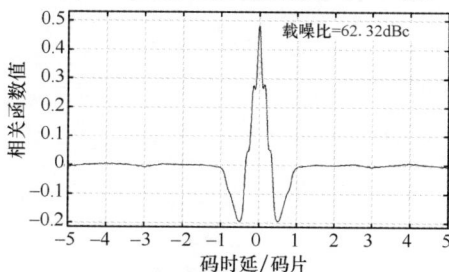

(c) E1c的相关函数,相关损耗=−3.172dB

149

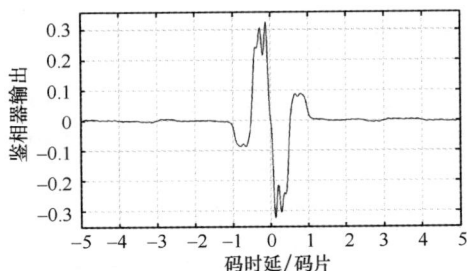

(d) E1c的鉴相曲线，S曲线偏差=0.00835码片

图 6 – 20　E1 信号相关函数和 S 曲线

图 6 – 21 和图 6 – 22 分别给出了 E5a 和 E5b 两路信号的相关函数和 S 曲线。

四条相关曲线的对称性较好,畸变很小。这说明虽然 E5a 信号受到了干扰,但是并没有造成明显的相关峰畸变。E5a 信号的相关损耗要比 E5b 信号的相关损耗大 0.5 个 dB,并且 E5a 信号的 S 曲线偏差更大,因此干扰对 E5a 信号的测距性能造成了一定的影响。

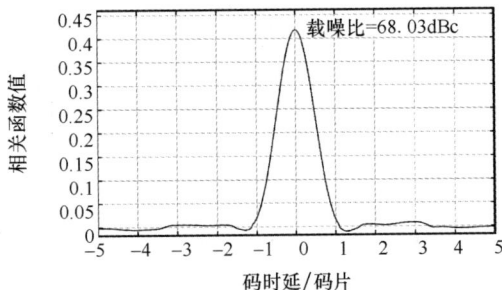

(a) Ea1的相关函数，相关损耗=−3.784dB

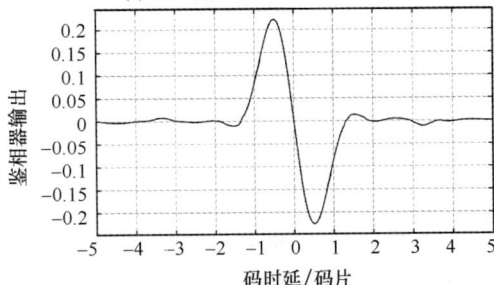

(b) E5a1的鉴相函数，S曲线偏差=0.00579码片

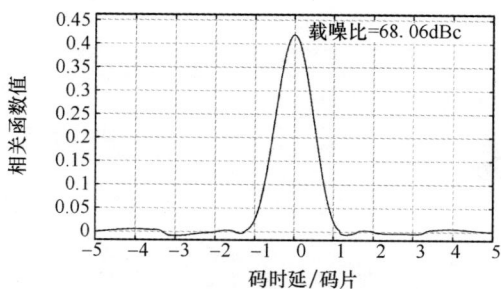

(c) E5aQ的相关函数，相关损耗=-3.776dB

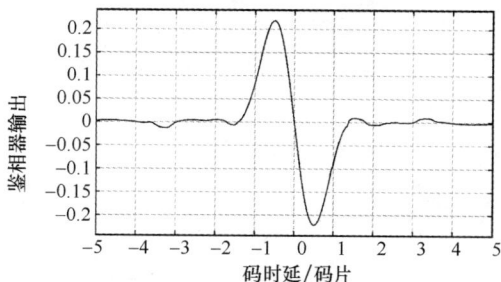

(d) E5aQ的鉴相函数，S曲线偏差=0.00810码片

图 6-21　E5a 信号相关函数和 S 曲线

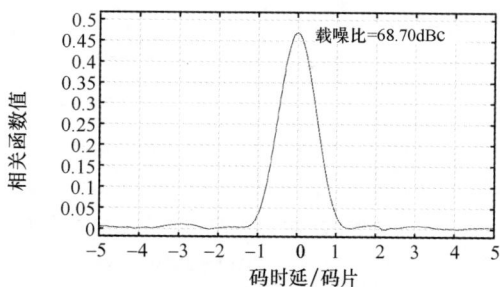

(a) E5b1的相关函数，相关损耗=-3.282dB

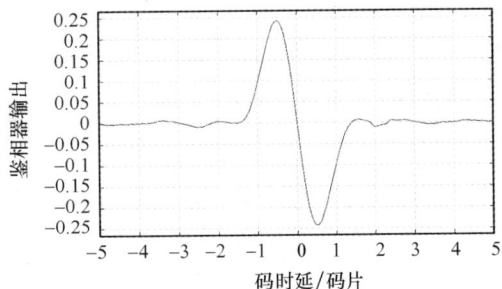

(b) E5a1的鉴相函数，S曲线偏差=0.00437 码片

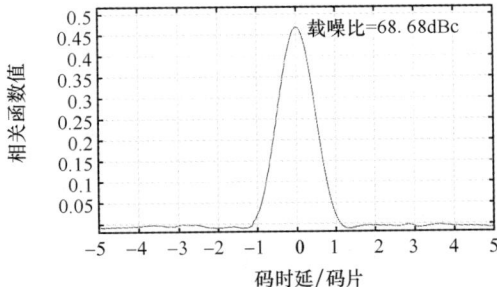

载噪比=68.68dBc

(c) E5bQ的相关函数，相关损耗=-3.294dB

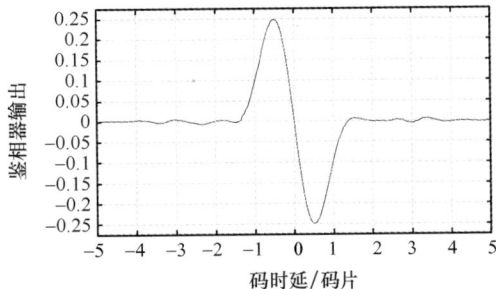

(d) E5bQ的鉴相函数，S曲线偏差=0.00247码片

图 6-22 E5b 信号相关函数和 S 曲线

6.3.6 一致域分析结果

图 6-23 给出了 E1 信号一致性评估结果。从图中可以看出，码伪距和载波伪距的相对波动在 ±0.03m 以内，码相位与载波相位的一致

性较好;两路信号伪码相位的相对波动在 ±0.06m,波动也很小,E1 频点的码相位一致性较好。

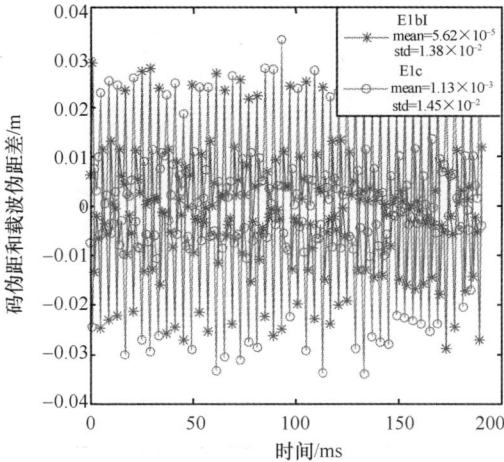

(a) E1码与载波相位一致性

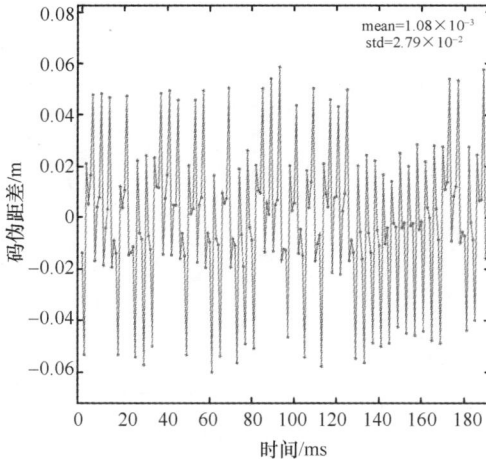

(b) E1同频点码相位一致性

图 6 - 23　E1 信号一致性评估结果

图 6 - 24 和图 6 - 25 给出了 E5 信号一致性评估结果。从图中可以看出,码伪距和载波伪距的相对波动分别在 ±0.002m 和 ±0.001m

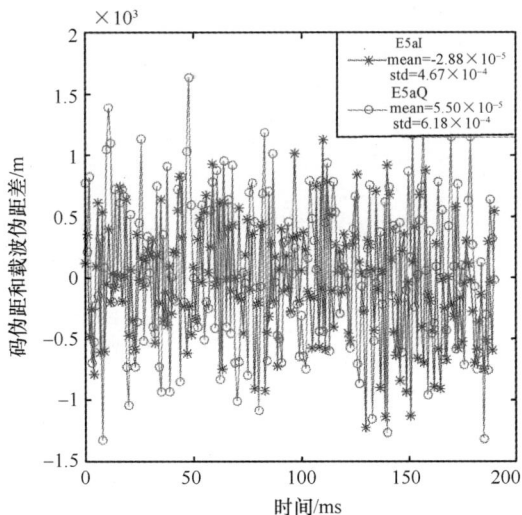

(a) E5a码与载波相位一致性

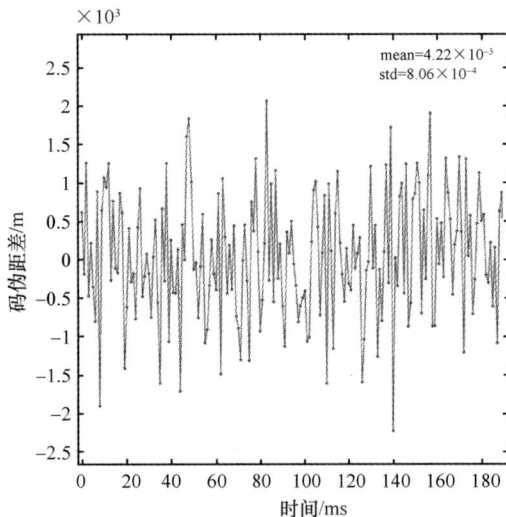

(b) E5a同频点码相位一致性

图 6-24　E5a 信号一致性评估结果

以内,码相位与载波相位的一致性较好;两路信号伪码相位的相对波动
上述两个范围内,波动也很小,E5 频点的码相位一致性较好。

154

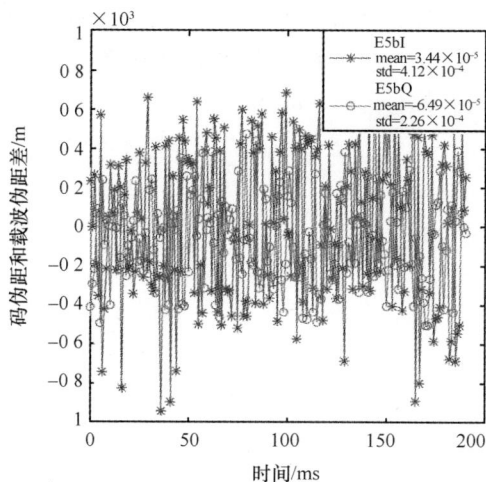

(a) E5b码与载波相位一致性

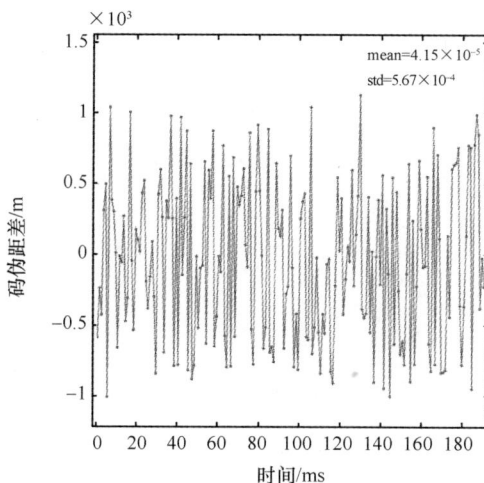

(b) E5b同频点码相位一致性

图 6-25　E5b 信号一致性评估结果

　　本章依据第 2 章给出的现代 GNSS 信号生成方法和第 5 章给出的信号畸变模型设计了 GNSS 信号模拟软件。该软件不仅能够产生任意时长相位连续的 GNSS 仿真信号,还能模拟各种信号畸变及信道特性。

根据第 4 章给出的信号分析处理方法,设计了 GNSS 信号性能分析软件,并从信号的捕获跟踪性能、功率谱特性、时域特性、调制域特性、相关域特性及一致域特性等方面对真实的伽利略信号进行了分析与评估,验证了理论的有效性。

参 考 文 献

[1] 陈忠贵, 帅平, 曲广吉. 现代卫星导航系统技术特点与发展趋势分析[J]. 中国科学, 2009, 39(4):686 – 695.

[2] Heng L, Gao G X, Walter T, et al. GPS Signal – in – Space Integrity Performance Evolution in the Last Decade[J]. IEEE Transactions on Aerospace & Electronic Systems, 2012, 48(4): 2932 – 2946.

[3] Yuanxi Y. Progress, Contribution and Challenges of Compass/Beidou Satellite Navigation System[J]. Acta Geodaetica Et Cartographica Sinica, 2010, 39(1):1 – 6.

[4] 谭述森. 北斗卫星导航系统的发展与思考[J]. 宇航学报, 2008, 29(02):391 – 396.

[5] 中国卫星导航系统管理办公室. 北斗卫星导航系统空间信号接口控制文件(ICD)公开服务信号 B1I (2.0 版)[S]. 2013, 12.

[6] Raghavan S H, Holmes J K, Lazar S, et al. Tricode Hexaphase Modulation for GPS[C]. ION GPS 1997, Kansas City, MO, 1997: 385 – 397.

[7] Betz J W The Offset Carrier Modulation for GPS Modernization[C]. ION NTM 1999, San Diego, USA, January 25 – 27, 1999: 639 – 648.

[8] Raghavan S H, Holmes J K, Lazar S, et al. Tricode Hexaphase Modulation for GPS[C]. ION GPS 1997, Kansas City, MO, 1997: 385 – 397.

[9] Betz J W. Design and Performance of Code Tracking for the GPS M Code Signal[R]. MITRE CORP MCLEAN VA, 2000.

[10] Betz J W. Binary Offset Carrier Modulations for Radio Navigation[J]. Journal of the Institution of Navigation, 2001, 48(4): 227 – 246.

[11] Hsu P, Chiu T, Golubev Y, et al. Test results for the WAAS Signal Quality Monitor[C]. // Position, Location and Navigation Symposium, IEEE/ION. IEEE, 2008:263 – 270.

[12] Stanton B J, Ralph S. Analysis of GPS monitor station outages. In: ION GNSS 20th International Technical Meeting of the Satellite Division, 25 – 28, September 2007. Fort Worth, TX: the Institute of Navigation, 2007

[13] Schmidt P, Thoelert S, Furthner J, et al. Signal in space (SIS) analysis of new GNSS satellites[C]. //Satellite Navigation Technologies and European Workshop on GNSS Signals and Signal Processing, (NAVITEC), 2012 6th ESA Workshop on. IEEE, 2012:1 – 8.

[14] Kou Y, Zhou X, Morton Y, et al. A software – based receiver sampling frequency calibration

technique and its application in GPS signal quality monitoring［C］. //Position Location and Navigation Symposium（PLANS）, 2010 IEEE/ION. IEEE, 2010:718 – 727.

［15］ Xu Chengtao X, Tang Xiaomei, Wang Feixue. An Offline Signal Quality Monitoring Software of BeiDou Navigation Satellite System（BDS）with New Signal Plan Based on Software Defined Radio（SDR）Receiver［C］. //Instrumentation, Measurement, Computer, Communication and Control, Third International Conference on. IEEE, 2013:807 – 812.

［16］ Ward P W. A Design Technique to Remove the Correlation Ambiguity in Binary Offset Carrier （BOC）Spread Spectrum Signals［C］. Proceedings of ION 59th Annual Meeting/CIGTF 22nd Guidance Test Symposium, Institute of Navigation, Albuquerque, NM, June 2003: 886 – 896.

［17］ Heiries V, Roviras D, Ries L, et al. Analysis of Non Ambiguous BOC Signal Acquisition Performance［C］. Proceedings of ION GNSS 17th International Technical Meeting of the Satellite Division, Institute of Navigation, Long Beach, CA, September 2004: 2611 – 2622.

［18］ 唐祖平, 周鸿伟, 胡修林, 等. COMPASS 导航信号性能评估研究［J］. 中国科学:物理 学 力学 天文学, 2010（5）:592 – 602.

［19］ Paul Fine, Warren Wilson. Tracking Algorithm for GPS Offset Carrier Signals［C］. ION NTM 1999, Diego, USA, January 25 – 27, 1999:671 – 676.

［20］ Olivier J, Christophe M, M. Elizabeth C, et al. ASPeCT: Unambiguous Sine – BOC（n,n） Acquisition/Tracking Technique for Navigation Applications［J］. IEEE Transactions on Aerospace and Electronic Systems, 2007, 43（1）:150 – 162.

［21］ 贺成艳. GNSS 空间信号质量评估方法研究及测距性能影响分析［D］. 西安:中国科学 院研究生院, 2013.

［22］ Betz J W. Extended Theory of Early – Late Code Tracking for a Band limited GPS Receiver ［J］. Navigation, 2000, 47（3）:211 – 226.

［23］ 崔晓秋. 现代化 GNSS 中 BOC 族调制信号特性分析［D］. 哈尔滨:哈尔滨工业大 学, 2013.

［24］ Betz J W. Binary Offset Carrier Modulations for Radionavigation［J］. Navigation. 2001, 48（4） 227 – 246.

［25］ Pratt A R, Owen J I R. BOC Modulation Waveforms［C］. in: ION GPS/GNSS 2003. Portland, OR, 2003:1044 – 1057

［26］ Rodriguez J, Hein G W, Wallner S, et al. The MBOC Modulation: The Final Touch to the Galileo Frequency and Signal Plan［J］. Navigation, 2008, 55（1）:15 – 28.

［27］ Lestarquit L, Artaud G, Issler J – L, "AltBOC for Dummies or Everything You Always Wanted To Know About AltBOC"［C］ Proceedings of the 21st International Technical Meeting of the Satellite Division of The Institute of Navigation（ION GNSS 2008）, Savannah, GA, September 2008: 961 – 970.

［28］ 雷志远, 郭际, 卢晓春. 恒包络 AltBOC 信号调制方式分析［J］. 时间频率学报, 2013,

36(1):44 – 53.

[29] 张媛. TDDM 调制的卫星导航信号捕获跟踪方法研究[D]. 西安:中国科学院研究生院
(国家授时中心),2014.

[30] Tang Z, Zhou H, Wei J, et al. TD – AltBOC:A new COMPASS B2 modulation[J]. Science
China Physics Mechanics & Astronomy, 2011, 54(6):1014 – 1021.

[31] Thakar P V, Mewada H. Receiver Acquisition Algorithms and Their Comparisons for BOC
Modulated Satellite Navigation Signal[J]. International Conference on Communication Sys-
tems & Network Technologies, 2012:586 – 589.

[32] Yang Z, Huang Z, Geng S. Unambiguous Acquisition Performance Analysis of BOC(m,n)
Signal[C]. //International Conference on Information Engineering & Computer Science.
IEEE, 2009:1 – 4.

[33] Julien O, Macabiau C, Cannon M E, et al. ASPeCT:Unambiguous sine – BOC (n, n) ac-
quisition/tracking technique for navigation applications[J]. IEEE Transactions on, Aerospace
and Electronic Systems, 2007, 43(1): 150 – 162.

[34] Betz J W, Kolodziejski K R. Generalized Theory of Code Tracking with an Early – Late Dis-
criminator Part II:Noncoherent Processing and Numerical Results[J]. IEEE Transactions on
Aerospace and Electronic Systems, 2009, 45(4): 1551 – 1564.

[35] 曾欣,黄智刚. MBOC 信号捕获算法性能分析[J]. 应用科技, 2014,(1):6 – 10.

[36] Borre K, Akos D. A Software – Defined GPS and Galileo Receiver:Single – Frequency Ap-
proach[M]. Berlin:irkh auser,2006.

[37] Sleewaegen J M, De Wilde W, Hollreiser M. Galileo ALTBOC Receiver[R]. Proceedings of
ENC GNSS 2004.

[38] 王璐,刘崇华,何善宝. 导航 BOC 信号的抗干扰性能分析[J]. 中国空间科学技术,
2009, 29(4):69 – 76.

[39] 张孟阳,吕保维. GPS 系统中的多径效应分析[J]. 电子学报, 1998, 26(3):10 – 14.

[40] 唐祖平,胡修林,黄旭方. 卫星导航信号设计中的抗多径性能分析[J]. 华中科技大学
学报(自然科学版),2009,(5):1 – 4.

[41] Lestarquit L, Gregoire Y, Thevenon P. Characterising the GNSS correlation function using a
high gain antenna and long coherent integration—Application to signal quality monitoring
[C]. //Position Location & Navigation Symposium. IEEE, 2012:877 – 885.

[42] 饶永南,郝巍娜,王雪,等. 基于监测接收机数据的 GNSS 空间信号质量评估方法[C].
//中国卫星导航学术年会. 2013.

[43] 孟庆丰,焦国太,王陆潇,等. AltBOC 导航信号质量评估与分析[J]. 中北大学学报
(自然科学版),2013,(4):474 – 480.

[44] 王雪,卢晓春,刘枫,等. GNSS 信号相关峰评估方法[C]. //中国卫星导航学术年会.
2011.

[45] 石慧慧,卢晓春,饶永南. GNSS 信号稳定性评估方法研究[J]. 时间频率学报, 2013,

36(2):97 - 105.

[46] 徐成涛,林红磊,唐小妹等. 北斗系统新体制信号质量监测指标及测试方法[J]. 中南大学学报(自然科学版), 2014, (3):774 - 782.

[47] 张军. 现代导航信号评估关键技术研究[D]. 长沙:国防科学技术大学, 2012.

[48] Motella B, Savasta S, Margaria D, et al. An interference impact assessment model for GNSS signals[C]//Proceedings of the ION GNSS conference. Savannah, Georgia. 2008:900 - 908.

[49] Soellner M, Kurzhals C, Hechenblaikner G, et al. GNSS offline signal quality assessment [C]. In: Proceedings of ION GNSS, 21st International Technical Meeting of the Satellite Division. Savannah, Georgia, 2008, 9:16 - 19.

[50] Spelat M, Hollreiser M, Crisci M, et al. GIOVE - A signal - in - space test activity at ESTEC [C]. In: Proceedings of ION GNSS 2006. Fort Worth, Texas, 2006:26 - 29.

[51] Christie J R I, Bentley P B. GPS signal quality monitoring system [C]. In: ION GNSS 17th International Technical Meeting of the Satellite Division 2004. USA: SunDiego, 2004, 9:21 - 24.

[52] 程梦飞. 卫星导航异常信号的模拟与实现[D]. 长沙:国防科学技术大学, 2012.

[53] Robert E P, Akos D M, Enge P. Robust signal quality monitoring and detection of evil waveforms [C]. Proceedings of the ION NTM, 2000, Institute of Navigation, Anaheim, CA, 26 - 28 January, 2000, 1180 - 1190.

后　记

　　这本书整整写了两年,两年里,诸事纷杂,屡想中止。由于妻子不断的督促、父母无私的协助,替我挡了许多事,省出时间来,得以锱铢积累地写完。照例这本书该献给他们。不过,近来觉得献书也像种种佳话,只是语言幻成的空花泡影,名说交付出去,其实只仿佛魔术家玩的飞刀,放手而并没有脱手。随你怎样把作品奉献给人,作品总是作者自己的。大不了一本书,还不值得这样精巧地不老实,因此罢了。

　　但还是要特别感谢西北工业大学的廉保旺教授,对本书的完成提供了必要的人力和软、硬件试验环境。

　　且以朱子《劝学诗》结尾,与诸君共勉。

　　少年易老学难成,一寸光阴不可轻。未觉池塘春草梦,阶前梧叶已秋声。

卢虎谨识

2016.3

内 容 简 介

  本书共分 6 章:第 1 章,主要叙述卫星导航系统的发展现状和当前各个卫星导航系统的信号体制,给出了四大主流 GNSS 系统新一代信号体制的主要特征;第 2 章,主要讨论了新一代卫星导航信号的调制方式,研究了 BOC 信号、MBOC 信号、AltBOC 信号、TDDM - BOC 信号和 TD - AltBOC 信号等 BOC 类信号的产生方法、自相关特性和功率谱特性,并讨论了三种新一代卫星导航系统中特有的单载波复用调制方式;第 3 章,针对新一代 GNSS 普遍采用的 BOC 类信号,进一步研究了现有的 BOC 类信号的同步(捕获和码/载波跟踪)方法,介绍了 BPSK - like 算法、ASPeCT 算法、Bump - Jumping 算法、双环路跟踪算法以及时分信号 TDDM - BOC 信号和 TD - AltBOC 信号的码跟踪策略,定性和定量分析了每种算法的利弊和适用范围,最后深入剖析了现有载波同步方法的不足,提出了高动态应用场景下的载波跟踪机制,实现了高动态环境下 GNSS 信号载波环路带宽自适应控制,很好地平衡了环路动态性能和噪声性能之间的矛盾;第 4 章,主要在理论上从码跟踪精度、抗干扰性能和抗多径性能等方面定量分析和评估了新一代 GNSS 信号的导航性能;第 5 章,以北斗信号可能将要采用的 BPSK(10)、TDDMBOC(14,2)、TMBOC(6,1,1/11)以及 TD - AltBOC(15,10)为例,分析了信号功率谱畸变、码片波形数字畸变和模拟畸变、载波相位偏差以及多径干扰对信号测距性能的影响;第 6 章,介绍了作者设计的"GNSS 信号模拟软件"和"GNSS 信号导航性能分析软件",并利用所设计的软件对真实的伽利略信号进行了分析与评估。

  本书适合于导航及相关领域专业技术人员阅读,也可作为大专院校相关专业师生的教学参考书。

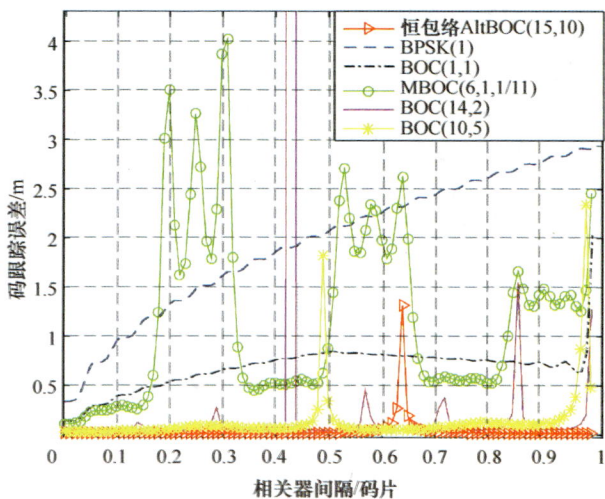

图 4 - 1   EML 环路码跟踪误差

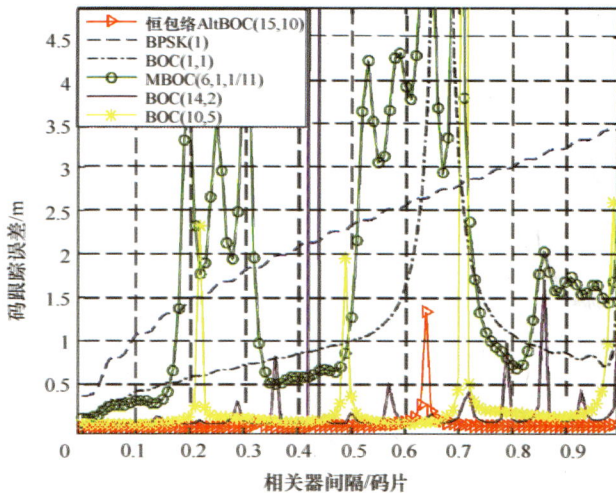

图 4 - 2   EMLP 环路码跟踪误差

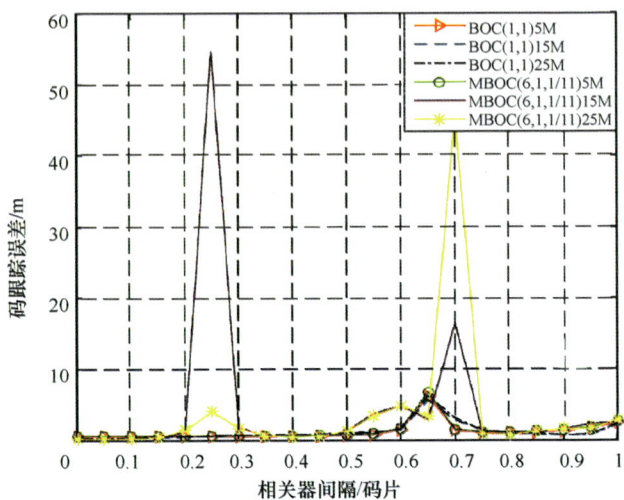

图 4 - 3　MBOC 信号码跟踪误差曲线

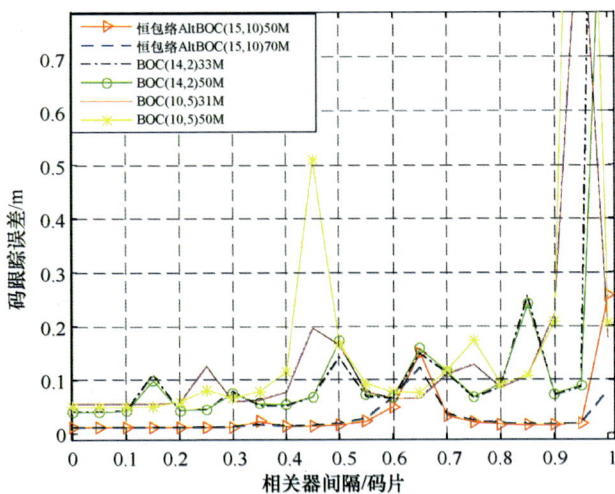

图 4 - 4　AltBOC 及 BOC 信号码跟踪误差曲线

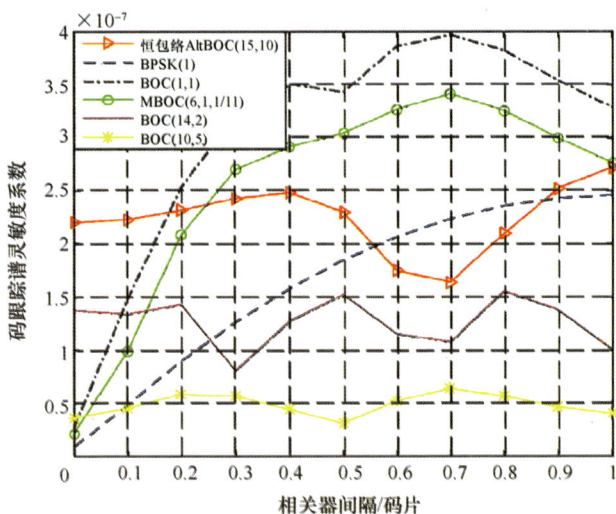

图 4 – 5　匹配谱干扰下的谱灵敏度系数

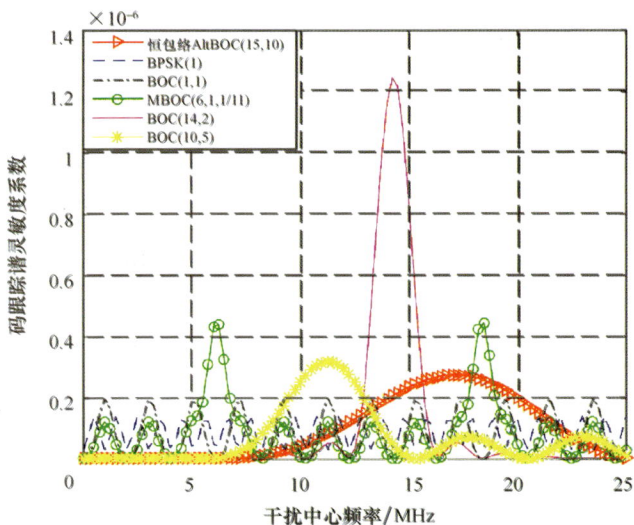

图 4 – 6　不同中心频率窄带干扰下谱灵敏度系数极限

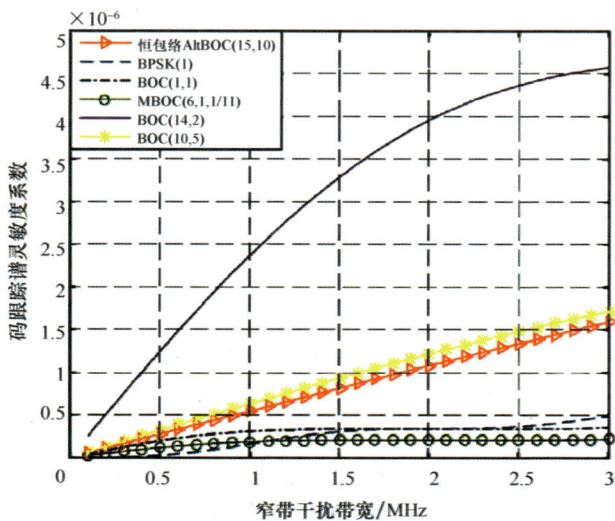

図 4 - 7   不同带宽窄带干扰下的谱灵敏度系数极限

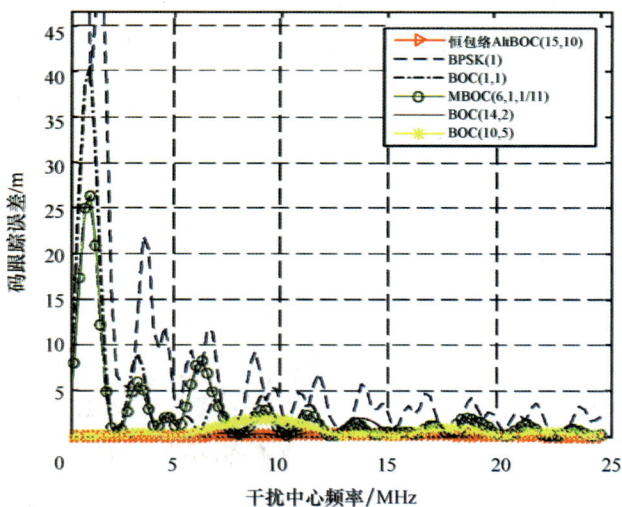

图 4 - 8   窄带干扰下的码跟踪误差

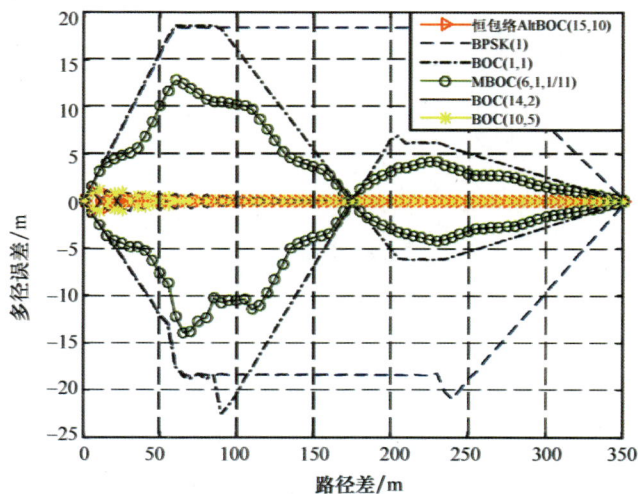

图 4-9 不同信号的多径误差包络

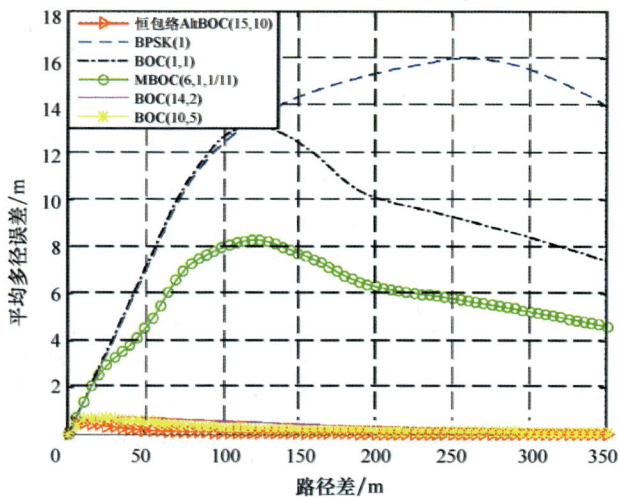

图 4-10 不同信号的平均多径误差

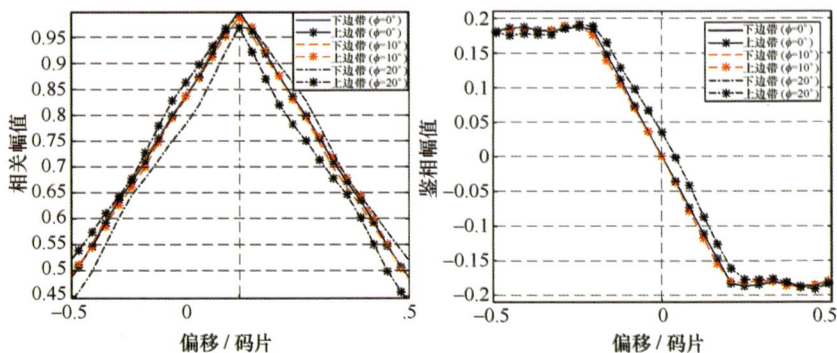

图 5 - 24　不同载波相位相对偏差下 TDAltBOC(15,10)
信号的相关峰与鉴相曲线

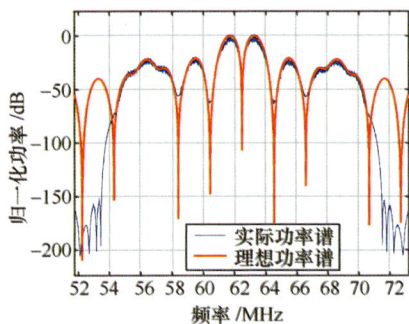

图 6 - 12　E1 信号功率谱
（相关系数为 0.988）

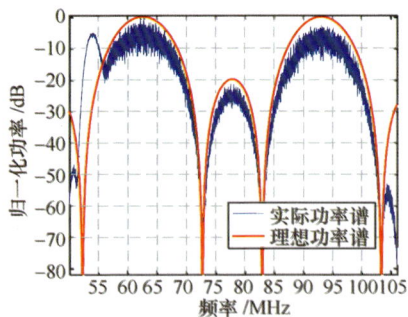

图 6 - 13　E5 信号功率谱
（相关系数为 0.847）

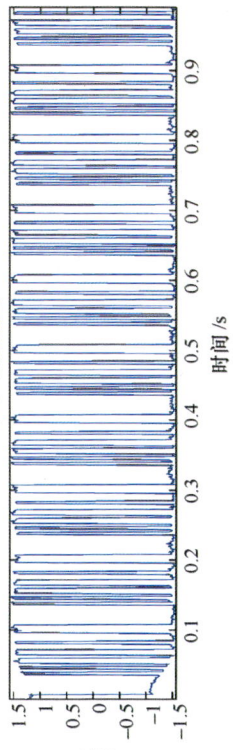

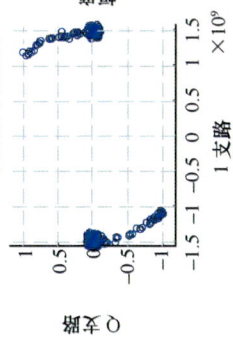

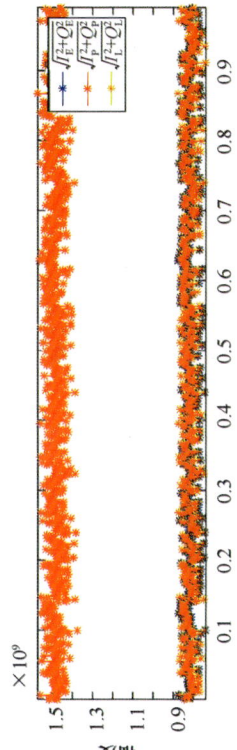

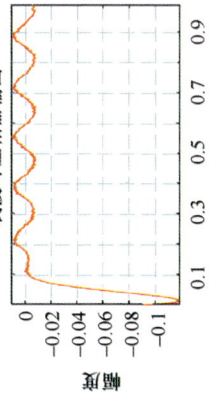

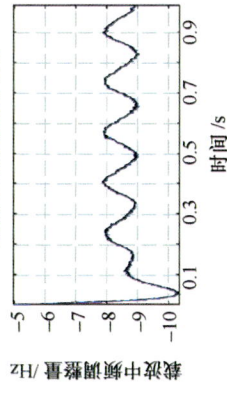

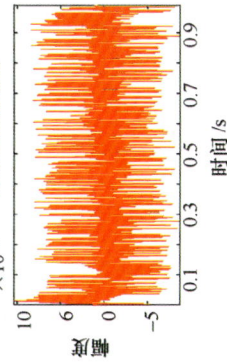

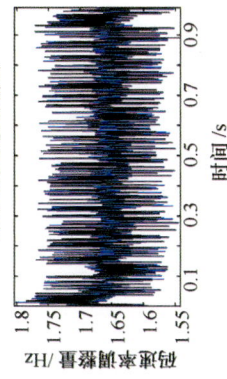

图 6-10 E1c 跟踪结果

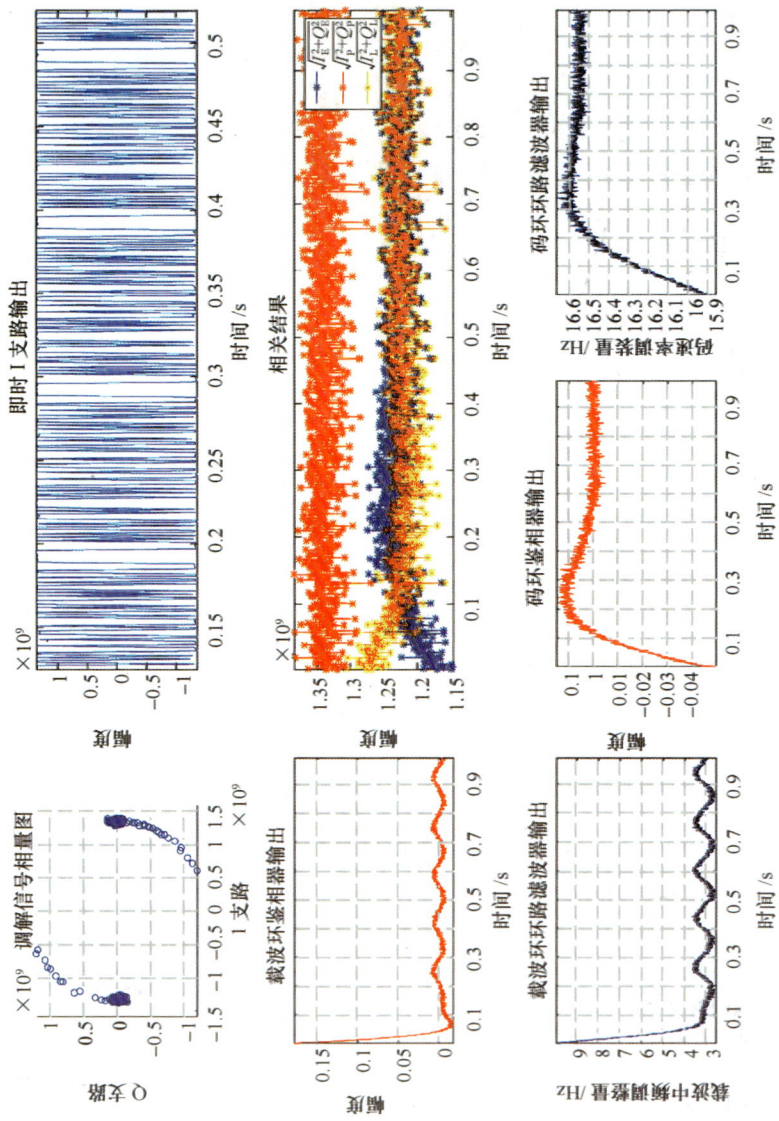

图 6—11 E5aQ 跟踪结果